西江流域资源环境与生物多样性综合科学考察丛书

西江流域水生植物图谱

胡 莲 陈 锋 等 编著

科学出版社

北 京

内 容 简 介

西江流域是我国经济社会发展相对快速的区域。西江流域湿地类型多样，孕育了非常丰富的水生植物，对维护西江流域良好生态系统有着十分重要的生态价值、人文价值和经济价值。

通过连续三年对西江干流、主要支流、高原湖泊等水域水生植物的野外调查，记录西江流域水生植物64科147属252种。根据水生植物对水分的依赖程度，这些植物可分为两栖植物、半湿生植物、湿生植物、挺水植物、浮叶植物、漂浮植物和沉水植物7个生态类群。本书阐述了西江流域水生植物的分类系统、形态特征、生境与分布、主要用途等，每种植物配有精美的图片。

本书是首部对西江流域水生植物进行详细介绍的著作，可为人们开展西江流域山水林田湖草生态保护和修复，以及湿地生物多样性保护工作提供良好的基础参考资料。

图书在版编目 (CIP) 数据

西江流域水生植物图谱 / 胡莲等编著 . — 北京：科学出版社，2025. 3. —（西江流域资源环境与生物多样性综合科学考察丛书）. —ISBN 978-7-03-081046-5

Ⅰ . Q948.8-64

中国国家版本馆 CIP 数据核字第 2025KR1127 号

责任编辑：彭婧煜　张雨苗 / 责任校对：宁辉彩
责任印制：徐晓晨 / 封面设计：义和文创

科学出版社 出版
北京东黄城根北街 16 号
邮政编码：100717
http://www.sciencep.com

北京汇瑞嘉合文化发展有限公司印刷
科学出版社发行　各地新华书店经销
*
2025 年 3 月第 一 版　开本：787×1092　1/16
2025 年 3 月第一次印刷　印张：17 1/2
字数：415 000
定价：238.00 元
（如有印装质量问题，我社负责调换）

《西江流域水生植物图谱》编委会

主　　编：

胡　莲　陈　锋

副主编：

沈振锋　黄道明

编　　委：

杨　晴　朱利明

方艳红　杨伟杰

许　盼　史　方

张志永　郑志伟

邹　曦　袁玉洁

唐海滨　张道熙

摄　　影：

沈振锋　胡　莲

甘仕瑞

前　言

西江是华南地区最长的河流，也是珠江水系中最长的河流，为中国第三大河流。西江发源于云南省曲靖市马雄山南麓，自西向东流经贵州、广西，在广东省佛山市三水区思贤滘与北江相通，并进入珠江三角洲网河区，干流在珠海市磨刀门注入南海。思贤滘以上西江流域总面积约 35.31 万 km²，干流全长 2075km，自上而下依次分为南盘江、红水河、黔江、浔江及西江等河段，沿途分布有北盘江、柳江、郁江、桂江及贺江等 5 条流域面积超过 10 000km² 的支流和隆林河、清水江、罗定江、新兴江、北流河、蒙江等 109 条流域面积在 100 ～ 10 000km² 的支流，以及抚仙湖、星云湖、阳宗海、杞麓湖、异龙湖等众多高原湖泊。南盘江、红水河为西江上游，主要支流有北盘江。南盘江穿过 3 个峡谷和 4 个断陷盆地，众多的高原湖泊也分布在该江段。红水河河槽深切，暗河众多，河床坡度变化大。站在高处俯瞰，红水河宛如一条巨龙在山谷、河床间穿梭，时而气势磅礴，时而平缓悠扬。黔江、浔江为西江中游，主要支流有郁江、柳江。黔江段山雄峰秀，奇异秀丽的大藤峡峡谷位于此段；浔江段沿岸地势平坦，干流江面宽阔，为广西水陆要冲。郁江为西江最大支流，上游为中山峡谷区，坡陡流急；下游丘陵和盆地相间，河道弯曲，滩多且险。西江段是西江下游，风光秀丽，古迹众多。西江段有三榕峡、大鼎峡、羚羊峡，合称"西江小三峡"，峡谷涧深壑幽、树郁木翠、漩飞涡遏。西江支流有桂江、贺江。西江干流及沿途支流、湖泊、源泉、暗河构成西江水系，西江水系及其集水区内的地理元素统称西江流域。

西江流域属于湿热多雨的热带、亚热带气候区，多年平均气温 14 ～ 22℃，多年平均降水量 1200 ～ 2000mm，多年平均水资源总量 2302 亿 m³。西江流域水利、水力资源丰富，为沿岸地区的农业灌溉、航运、发电等做出巨大贡献，同时也是珠海、澳门一带的主要淡水来源。西江流域有着得天独厚的地理区位，干支流交错、湖泊暗河密布，河网纵横，平畴绿野，形成丰富多样、形态各异的湿地小生境，为水生植物的生长、发育和繁殖提供了良好的条件。

水生植物在湿地生态系统物质循环与能量转换过程中起着关键作用，在维持和改善湿地生态环境方面也不可替代，其种群结构、群落特征是体现湿地生态过程的复杂性与多变性的重要指标，对维持湿地生态系统健康与生态功能具有重要的指示作用。水生植物为水生动物、水鸟和其他光顾水体的动物提供栖息地，为鱼类、蛙类等水生动物提供产卵场所等；水生植物通过光合作用产生氧气，增加水体溶氧量；水生植物通过光合作用生产的有机质还可以为水生生物的生存提供食物，为其他生物的生存创造条件。水生植物在生长过程中吸收氮、磷等成分，从而净化水质。从生态意义上讲，水生植物的种群分布、数量分布也是湿地生态系统质量好坏的重要标志。

迄今为止，西江流域水生植物研究主要集中于漓江（韦毅刚，2004；梁士楚等，2015；田华丽等，2015；覃勇荣，1987）、抚仙湖（熊飞等，2011；高弋明等，2021）、异龙湖（周虹霞等，2016；方馨等，2021）等局部水域，缺乏对整个西江流域水生植物的专门性研究。国内目前尚没有西江流域水生植物图谱等资料出版。著者基于科技基础资源调查专项"西江流域资源环境与生物多样性综合科学考察"的资助，收集了有关西江流域水生植物资料，并进行了大量的野外调查研究，积累了大量的西江流域水生植物一手资料，希望能促进有关西江流域水生植物研究的进程。《西江流域水生植物图谱》在这样的基础和背景下编写，其目的在于为后续西江流域湿地植物保护研究、保护和管理及湿地植物资源的可持续利用提供参考。

作者基于对西江流域水生植被多年的现场调查，整理与收录了西江干流（南盘江、红水河、黔江、浔江、西江）、主要支流（北盘江、桂江、贺江、柳江、郁江、左江、右江、环江、樟江、打狗河、刁江、融江、澄江等）、高原湖泊（异龙湖、杞麓湖、抚仙湖、星云湖、阳宗海）等水域水生植物，包括挺水植物、浮叶植物、漂浮植物、沉水植物、湿生植物、半湿生植物和两栖植物，以及与沉水植物相似的大型藻类植物轮藻，对植物形态与生长习性及在西江的分布进行阐述。本书中，各植物类群的科采用不同的系统编排，其中蕨类植物根据秦仁昌1978年系统编排（吴兆洪，1984）；裸子植物和被子植物根据恩格勒分类系统编排。全书共介绍了64科147属252种，附彩色照片500余张。

在野外调查和研究过程中，我们有幸得到中国科学院武汉植物园的刘艳玲研究员、廖廓博士、甘仕瑞博士及水利部中国科学院水工程生态研究所的领导、水生态环境研究中心和生态技术工程中心同事的大力支持和帮助，在此表示衷心的感谢！

由于作者水平有限，书中疏漏之处在所难免，敬请读者批评指正。

作　者
2024 年 3 月

目　录

一、轮藻门 Charophyta

轮藻科 **Characeae**

轮藻 *Chara*

分类系统:

类别	名称	拉丁学名
界	植物界	Plantae
门	轮藻门	Charophyta
纲	轮藻纲	Charophyceae
目	轮藻目	Sycidiales
科	轮藻科	Characeae
属	轮藻属	*Chara*

生态类群: 沉水大型藻类

形态特征: 轮藻门轮藻科最常见的一属。植物体由主轴枝、二型枝、假根和托叶构成。主轴枝分化成节和节间，茎节上具有1～2轮托叶；二型枝有长枝和短枝。雌雄同株，配子囊生于二型枝中下部，藏精器球形，藏卵器卵形至广卵形，藏精器位于藏卵器的下方。

生境与分布: 轮藻多生于透明度高的浅水湖泊、池塘、水田、水沟、沼泽中。在我国大多数省份都有分布。

流域分布: 星云湖、阳宗海、抚仙湖

主要用途: 具有一定的化感作用，可净化水质。

丽藻 *Nitella*

分类系统：

类别	名称	拉丁学名
界	植物界	Plantae
门	轮藻门	Charophyta
纲	轮藻纲	Charophyceae
目	轮藻目	Sycidiales
科	轮藻科	Characeae
属	丽藻属	*Nitella*

生态类群：沉水大型藻类

形态特征：轮藻门轮藻科种类最多、分布较广的一属。植物体纤细柔弱。小枝多等势分叉，少单轴分叉；每个茎节上多为单轮，少数 2～3 轮；具能育小枝和不育小枝，能育小枝较短且被有胶质。藏精器顶生，藏卵器具冠细胞 10 枚，排成 2 轮，侧生于小枝的分叉上，或生于小枝的基部；受精卵外膜常具有各种纹饰，纵扁。

生境与分布：丽藻生长于热带和亚热带地区的微酸性水体中。在我国南、北方均有分布。

流域分布：阳宗海、抚仙湖

主要用途：植物体可作观察植物细胞中原生质流动实验的材料。

二、蕨类植物门 Pteridophyta

（一）槐叶苹科 Salviniaceae

槐叶苹 *Salvinia natans*（L.）Allioni

分类系统：

类别	名称	拉丁学名
界	植物界	Plantae
门	蕨类植物门	Pteridophyta
纲	蕨纲	Filicopsida
目	槐叶苹目	Salviniales
科	槐叶苹科	Salviniaceae
属	槐叶苹属	*Salvinia*

别名： 水飘飘、蜈蚣萍

生态类群： 漂浮植物

形态特征： 一年生小型蕨类植物。茎细长而横走，被褐色节状毛。叶二型，在茎节上3片轮生，上面2片叶漂浮水面，形如槐叶，另1片为沉水叶；漂浮叶片呈长圆形或椭圆形，顶端钝圆，基部圆形或稍呈心形，上面深绿色，下面密被棕色茸毛；沉水叶悬垂水中，细裂成线状，被细毛，形如须根。孢子果4～8个簇生于沉水叶的基部，4～5月孢子体萌发，10月孢子囊成熟，11月后植物体枯萎。

生境与分布： 槐叶苹喜生长于湖泊、池塘、河流、水田、溪沟、沼泽等富营养水体中。在我国分布于长江流域和华北、东北及新疆等地；在日本、越南、印度及欧洲均有分布。

流域分布： 杞麓湖

主要用途： 全草入药，可清热解毒、消肿止痛；可作盆栽装饰、家禽饲料或用于沤制绿肥。

（二）满江红科 Azollaceae

满江红 *Azolla pinnata* subsp. *asiatica*

分类系统：

类别	名称	拉丁学名
界	植物界	Plantae
门	蕨类植物门	Pteridophyta
纲	蕨纲	Filicopsida
目	槐叶苹目	Salviniales
科	满江红科	Azollaceae
属	满江红属	*Azolla*

别名：红苹、红浮萍、三角漂、紫漂、绿萍、红浮飘、草无根、水浮漂

生态类群：漂浮植物

形态特征：1～2年生小型蕨类植物。植物体呈圆形或三角形。根状茎横走，羽状分枝，向下生须根。叶小，互生，无柄，呈覆瓦状排列；叶片深裂，通常分裂为背裂片和腹裂片两部分，背裂片肉质，绿色，秋后常为红色；腹裂片膜质，无色透明，斜沉水中。孢子果成对生于分枝处的沉水裂片上，9～11月成熟。

生境与分布：满江红常生长在水田、池塘、沟渠或湖沼等静水中。广泛分布于我国长江流域和南北各省份；在日本、朝鲜也有分布。

流域分布：星云湖、抚仙湖

主要用途：全草入药，可解表透疹、祛风利湿、解毒利尿，可治感冒咳嗽、风湿疼痛、皮肤瘙痒、水肿。也是优良的绿肥和饲料。

（三）金星蕨科 Thelypteridaceae

毛蕨 *Cyclosorus interruptus*（Willd.）H. Ito

分类系统：

类别	名称	拉丁学名
界	植物界	Plantae
门	蕨类植物门	Pteridophyta
纲	蕨纲	Filicopsida
目	真蕨目	Eufilicales
科	金星蕨科	Thelypteridaceae
属	毛蕨属	*Cyclosorus*

生态类群：湿生植物

形态特征：多年生蕨类植物。植株高达130cm。根状茎横走，黑色。叶近生，卵状披针形或长圆披针形，二回羽裂；叶柄基部黑褐色，向上渐变为禾秆色，几光滑；羽片22～25对，三角状披针形；叶脉明显；叶近革质，表面平滑，背面疏生柔毛及少数橙红色小腺体。孢子囊群圆形，生于侧脉中部，淡棕色，疏被白色柔毛，宿存；夏秋季成熟。

生境与分布：毛蕨喜阴，常生于河边、溪边、塘边湿地或林下阴湿处。在我国分布于云南、贵州、福建、海南、广东、香港、广西、江西等地。

流域分布：黔江、浔江、红水河、柳江、左江、右江、北盘江、抚仙湖

主要用途：全草入药，可祛风除湿、舒筋活络，主治风湿疼痛、瘫痪、肢体麻木等。也可作观赏植物。

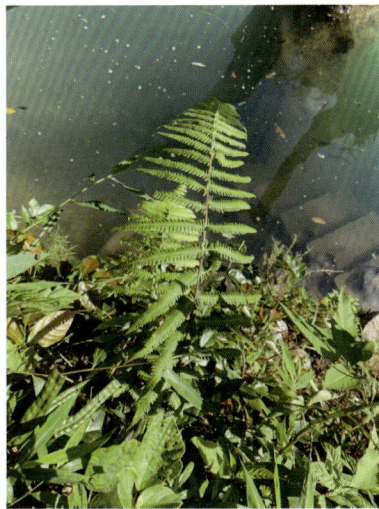

星毛蕨 *Ampelopteris prolifera*（Retz.）Copel.

分类系统：

类别	名称	拉丁学名
界	植物界	Plantae
门	蕨类植物门	Pteridophyta
纲	蕨纲	Filicopsida
目	真蕨目	Eufilicales
科	金星蕨科	Thelypteridaceae
属	星毛蕨属	*Ampelopteris*

生态类群：湿生植物

形态特征：土生蔓状蕨类。根状茎长而横走，疏被深棕色披针形鳞片。叶簇生或近生；叶柄禾秆色，光滑而坚硬；叶片披针形，一回羽状，羽片可达 30 对，其基部圆截形，边缘浅波状，近对生；叶脉明显，侧脉斜展，顶端连结点伸出一条外行小脉，小脉两侧各排有一列斜方形的网眼；叶干后纸质，淡绿色或褐绿色。孢子囊群着生于侧脉中部，近圆形或长圆形；孢子椭圆形，周壁薄而透明，具细网状纹饰，网脊上具小刺。

生境与分布：星毛蕨生于海拔 100～950m 的河岸、溪边、河滩湿地。在我国分布于福建、台湾、江西、湖南、广东、海南、广西、四川、贵州和云南等地；在除美洲以外的热带和亚热带地区均有分布。

流域分布：黔江、红水河、柳江、环江

主要用途：全草入药，可清热利湿，主治痢疾、淋浊、胃炎、风湿肿痛。嫩叶可作蔬菜食用。

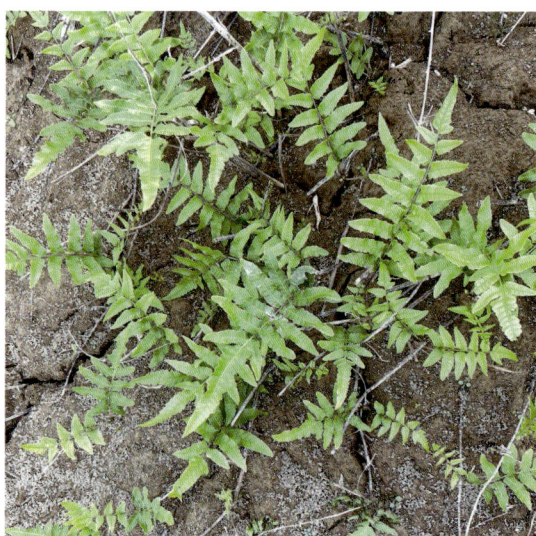

（四）瓶尔小草科 **Ophioglossaceae**

瓶尔小草 *Ophioglossum vulgatum* L.

分类系统：

类别	名称	拉丁学名
界	植物界	Plantae
门	蕨类植物门	Pteridophyta
纲	蕨纲	Filicopsida
目	瓶尔小草目	Ophioglossales
科	瓶尔小草科	Ophioglossaceae
属	瓶尔小草属	*Ophioglossum*

别名：一支枪、蛇须草、矛盾草、一支箭

生态类群：湿生植物

形态特征：多年生土生小型蕨类。株高 10 ～ 30cm。根状茎短而直立，圆柱形。根肉质。叶二型；营养叶 1 片，肉质或草质，自总柄由根茎顶端生出，狭卵形或长圆状卵形，顶端钝圆或锐尖，全缘；不育叶常单生，无柄，卵状长圆形或狭卵形，基部楔形，全缘。孢子囊穗呈柱状，顶端有小凸起，远长于营养叶；孢子囊扁球形，无柄；孢子呈球状四面体。

生境与分布：瓶尔小草常生于海拔 350 ～ 3000m 的水沟、溪流或河流岸边湿地、潮湿草地。在我国分布于湖北、四川、贵州、广西、云南、台湾等长江流域以南省区；在亚洲其他国家及欧洲、美洲等也有广泛分布。

流域分布：桃花江、漓江、澄江、左江

主要用途：全草入药，可清热凉血、解毒镇痛，可治疗肺热咳嗽、目赤肿痛、肺痨吐血、小儿高热惊风、胃痛、疔疮痈肿、跌打肿痛等症。

（五）肾蕨科 Nephrolepidaceae

肾蕨 *Nephrolepis cordifolia*

分类系统：

类别	名称	拉丁学名
界	植物界	Plantae
门	蕨类植物门	Pteridophyta
纲	蕨纲	Filicopsida
目	真蕨目	Eufilicales
科	肾蕨科	Nephrolepidaceae
属	肾蕨属	*Nephrolepis*

别名：石黄皮

生态类群：湿生植物

形态特征：多年生蕨类植物。根状茎直立，被蓬松的淡棕色长钻形鳞片；匍匐茎上有近圆形块茎，疏被鳞片，具纤细须根，褐棕色。叶簇生，坚草质或草质，干后棕绿色或褐棕色，光滑；叶片线状披针形或狭披针形，先端短尖，一回羽状，羽状多数，45～120对，互生，常密集而呈覆瓦状排列，披针形；叶缘具疏浅的钝锯齿。孢子囊群成1行位于主脉两侧，肾形，囊群盖肾形，褐棕色。

生境与分布：肾蕨喜生于海拔30～1500m的溪边及潮湿地。在我国产于浙江、福建、台湾、湖南南部、广东、海南、广西、贵州、云南和西藏；广泛分布于全球热带及亚热带地区。

流域分布：阳宗海

主要用途：为观赏性蕨类。块茎富含淀粉，可食，亦可药用。

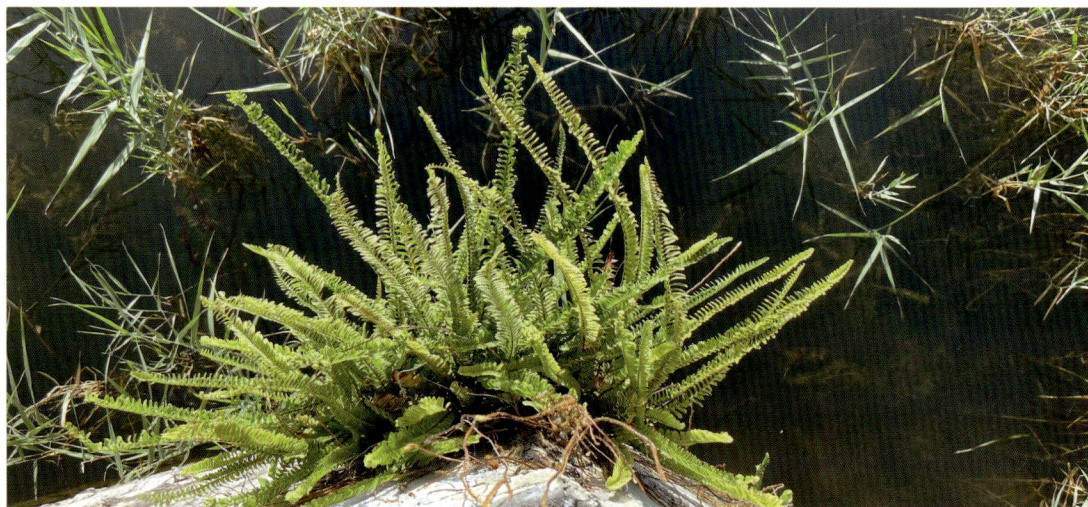

（六）木贼科 **Equisetaceae**

笔管草 *Equisetum ramosissimum* **subsp.** *debile*

分类系统：

类别	名称	拉丁学名
界	植物界	Plantae
门	蕨类植物门	Pteridophyta
纲	木贼纲	Equisetinae
目	木贼目	Equisetales
科	木贼科	Equisetaceae
属	木贼属	*Equisetum*

别名：台湾木贼、纤弱木贼

生态类群：湿生植物

形态特征：多年生蕨类草本植物。植株高达或超过 60cm。根状茎直立或横走，黑棕色。地上枝有节，直径 4～6mm，脊 16～24 条，绿色；成熟主枝分枝少或不分枝。叶鞘齿状，极小；鞘筒短，下部绿色，顶部黑棕色；鞘齿 10～22 枚，狭三角形，上部淡棕色，膜质，早落或宿存，下部黑棕色，扁平，具棱角。孢子囊穗短棒状或椭圆形，顶端有小尖突，无柄。

生境与分布：笔管草多生长在海拔 10～500m 的水边沙滩、林边灌丛、河床或草地中。在我国长江以南各省份均有分布；在日本、印度、泰国等国家也有分布。

流域分布：南盘江、抚仙湖

主要用途：四季常青，可供园林观赏，也可作地被或固沙植物。

节节草 *Equisetum ramosissimum* Desf.

分类系统:

类别	名称	拉丁学名
界	植物界	Plantae
门	蕨类植物门	Pteridophyta
纲	木贼纲	Equisetinae
目	木贼目	Equisetales
科	木贼科	Equisetaceae
属	木贼属	*Equisetum*

别名:土木贼、笔杆草、锁眉草

生态类群:湿生植物

形态特征:多年生蕨类草本植物。株高20～60cm。根状茎黑棕色,直立,横走或斜升。地上枝有节,直径2～3mm,脊6～16条,绿色;主枝多在下部分枝,常形成簇生状。叶退化成鳞片状,基部筒状鞘,下部灰绿色,上部灰棕色;鞘齿5～12枚,三角形,灰白色或少数黑棕色、淡棕色。孢子囊穗短棒状或椭圆形,着生于分枝顶端或小分枝顶端,顶端有小尖突,无柄。

生境与分布:节节草常生长在海拔10～300m的浅水水域、水边湿地及阴湿处。在我国大部分省份均有分布;在日本、朝鲜、印度、蒙古国、非洲、欧洲、北美洲也有分布。

流域分布:西江、浔江、红水河、南盘江、柳江、环江、刁江、北盘江、异龙湖、阳宗海、星云湖、抚仙湖

主要用途:全草可入药,具有疏风散热、利尿、明目退翳、祛痰止咳之功效。

木贼 *Equisetum hyemale* L.

分类系统:

类别	名称	拉丁学名
界	植物界	Plantae
门	蕨类植物门	Pteridophyta
纲	木贼纲	Equisetinae
目	木贼目	Equisetales
科	木贼科	Equisetaceae
属	木贼属	*Equisetum*

别名:接骨草、笔头草、笔筒草

生态类群:湿生植物

形态特征:多年生蕨类草本植物。根茎横走或直立,黑棕色,节和根具黄棕色长毛。地上枝高达或超过 1m,绿色,不分枝或基部有少数直立的侧枝;有脊 16 ~ 22 条,脊的背部弧形或近方形,有小瘤 2 行。鞘筒基部和顶部各有一圈或仅顶部有一圈黑棕色;鞘齿16 ~ 22 枚,披针形,淡棕色,膜质,芒状,早落,下部黑棕色,薄革质,基部的背面有4 纵棱,宿存或同鞘筒一起早落。孢子囊穗卵状,顶端有小尖突,无柄。

生境与分布:木贼喜阴湿,常生于河岸湿地、溪边或山坡林下阴湿处。在我国分布于东北、华北、内蒙古和长江流域各省份;在日本、朝鲜、欧洲、北美洲及中美洲也有分布。

流域分布:南盘江、北盘江、抚仙湖、异龙湖

主要用途:全草入药,具有疏散风热、明目退翳、止血之功效。

（七）卷柏科　Selaginellaceae

翠云草　*Selaginella uncinata*（Desv.）Spring

分类系统：

类别	名称	拉丁学名
界	植物界	Plantae
门	蕨类植物门	Pteridophyta
纲	石松纲	Lycopodiinae
目	卷柏目	Selaginellales
科	卷柏科	Selaginellaceae
属	卷柏属	*Selaginella*

别名：情人草、吊兰翠、蓝草、蓝地柏、绿绒草、龙须

生态类群：湿生植物

形态特征：多年生伏地蔓生蕨类植物。根生于主茎下部，无分叉。茎先直立后攀援状，禾秆色，圆柱状，近基部羽状分枝。侧枝5～8对，小枝紧密排列。叶交互排列，肾形或略心形，草质，叶面光滑具虹彩，蓝绿色。孢子叶穗紧密，四棱柱形；孢子叶卵状三角形；大孢子灰白色或暗褐色，小孢子淡黄色。

生境与分布：翠云草常生于海拔40～1200m的溪边阴湿处、岩洞湿石上或石缝中。为我国特有植物，分布于华中、华南、西南地区和香港；在其他国家也有栽培。

流域分布：响水河、漂洞

主要用途：全草入药，有清热利湿、止血、止咳之功效，可治疗急性肝炎、胆囊炎、肠炎等。观赏价值较高，常盆栽作小型室内观叶植物。

三、裸子植物门 Gymnospermae

杉科 **Taxodiaceae**

池杉 *Taxodium distichum* **var.** *imbricatum*

分类系统：

类别	名称	拉丁学名
界	植物界	Plantae
门	裸子植物门	Gymnospermae
纲	松杉纲	Coniferopsida
目	松杉目	Pinales
科	杉科	Taxodiaceae
属	落羽杉属	*Taxodium*

别名：池柏、沼落羽松、沼杉

生态类群：湿生植物

形态特征：落叶乔木。树高可达 25m。树干挺直，基部膨大，通常有膝曲状的呼吸根。树皮褐色，常纵裂为长条片而脱落。大枝向上伸展，小枝直立，树冠呈尖塔形。叶互生，钻形，在小枝上螺旋状伸展。球果圆球形或矩圆状球形，具短梗，成熟后为淡褐色；种子不规则三角形，略扁，红褐色。花期 3～4 月，球果 10～11 月成熟。

生境与分布：池杉耐湿涝也耐旱，可被栽培在河流、湖泊、池塘两岸及沼泽湿地中。原产自北美洲东南部，在我国长江流域以南地区广泛分布。

流域分布：柳江、郁江、星云湖、抚仙湖、异龙湖

主要用途：为长江流域重要的造林树种和园林树种。也是造船、建筑的好材料。

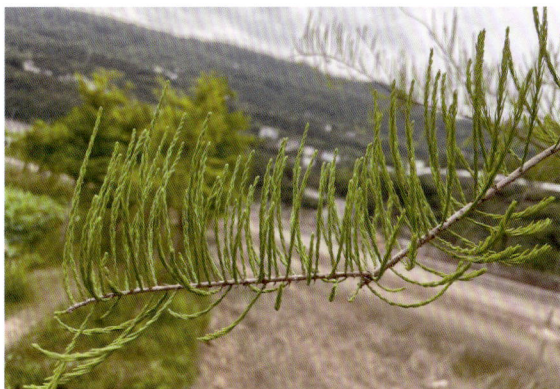

落羽杉 *Taxodium distichum*（L.）Rich.

分类系统：

类别	名称	拉丁学名
界	植物界	Plantae
门	裸子植物门	Gymnospermae
纲	松杉纲	Coniferopsida
目	松杉目	Pinales
科	杉科	Taxodiaceae
属	落羽杉属	*Taxodium*

别名：落羽松

生态类群：两栖植物

形态特征：落叶大乔木。树高可达 50m，胸径可达 2m。树干基部膨大，伴屈膝状呼吸根。树皮棕色，裂成长条片脱落。枝条水平开展，树冠圆锥形；幼枝绿色，冬为棕色。叶互生，条形，在小枝上列成二列，羽状，淡绿色，背面黄绿色或灰绿色。球果球形或卵圆形，具短梗，成熟时淡褐黄色，被白粉；种子不规则三角形，有锐棱，褐色。球果 10 月成熟。

生境与分布：落羽杉耐低温耐水湿，常被栽种于湖边、河岸、水网地区及沼泽地。原产自北美洲东南部，在包括我国广东、广西、浙江、江苏、湖北、重庆、江西、河南等在内的世界各地均有栽培。

流域分布：郁江、星云湖

主要用途：枝形优美，入秋后树叶变为古铜色，是良好的观赏树种，也是优美的庭园、道路绿化树种。

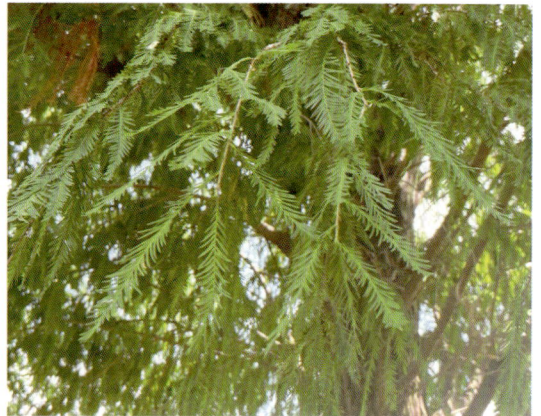

水杉 *Metasequoia glyptostroboides* **Hu & W. C. Cheng**

分类系统：

类别	名称	拉丁学名
界	植物界	Plantae
门	裸子植物门	Gymnospermae
纲	松杉纲	Coniferopsida
目	松杉目	Pinales
科	杉科	Taxodiaceae
属	水杉属	*Metasequoia*

别名： 水桫、梳子杉

生态类群： 两栖植物

形态特征： 落叶乔木。树干基部常膨大，可高达35m。枝斜展，小枝下垂，侧生小枝羽状。叶片条形，在侧生小枝上列成二列，呈羽状；子叶条形，2片，两面具中脉，略隆起；初生叶交叉对生，条形。球果下垂，近四棱状球形或矩圆状球形；种鳞木质，通常11～12对，呈盾形，交叉对生；种子扁平，倒卵形、圆形或矩圆形，具窄翅。花期2月下旬，球果11月成熟。

生境与分布： 水杉常栽种于湖泊、池塘、河流两岸。为我国特有植物，在我国东南和华中地区有引种，野生树种仅分布于重庆石柱县及湖北利川市磨刀溪、水杉坝一带和湖南西北部龙山及桑植等地。

流域分布： 柳江、郁江、异龙湖

主要用途： 树姿优美，可作庭园观赏树。也是良好的造林、绿化树种。

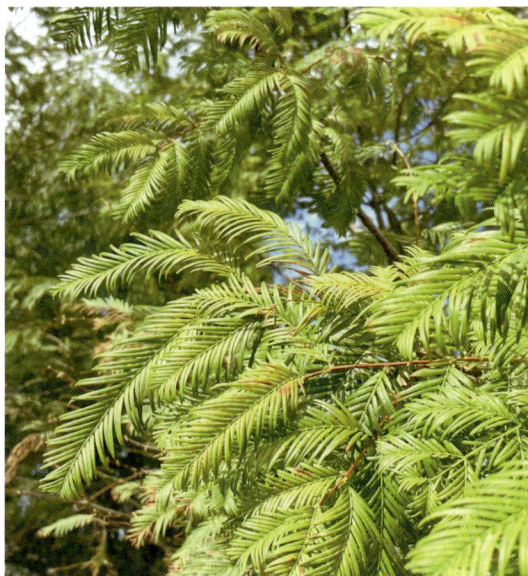

四、被子植物门 Angiospermae

（一）百合科 Liliaceae

沿阶草 *Ophiopogon bodinieri* H. Lév.

分类系统：

类别	名称	拉丁学名
界	植物界	Plantae
门	被子植物门	Angiospermae
纲	单子叶植物纲	Monocotyledoneae
目	百合目	Liliflorae
科	百合科	Liliaceae
属	沿阶草属	*Ophiopogon*

别名：铺散沿阶草、矮小沿阶草

生态类群：湿生植物

形态特征：多年生草本植物。根纤细，近末端处具纺锤形的小块根。地下走茎长，节上具鞘。茎很短。叶基生簇生，禾叶状，边缘具细锯齿。花葶较叶稍短或几等长；总状花序具几朵至十几朵花；花单生或2朵簇生于苞片腋内；苞片条形或披针形；花被片白色或稍带紫色。蒴果；种子近球形或椭圆形。花期6～8月，果期8～10月。

生境与分布：沿阶草生于河边、沟边及山谷林下潮湿处。在我国产于云南、贵州、四川、湖北、河南、陕西、甘肃、西藏和台湾等地。

流域分布：漓江、柳江

主要用途：全草入药，可滋阴润肺、益胃生津、清心除烦，主治肺燥干咳、津伤口渴、心烦失眠、咽喉疼痛、肠燥便秘。也可作水土保持植物或盆栽观叶植物。

（二）车前科 **Plantaginaceae**

车前 *Plantago asiatica* L.

分类系统：

类别	名称	拉丁学名
界	植物界	Plantae
门	被子植物门	Angiospermae
纲	双子叶植物纲	Dicotyledoneae
目	车前目	Plantaginales
科	车前科	Plantaginaceae
属	车前属	*Plantago*

别名： 蛤蟆草、猪耳朵草、车轱辘菜、车前草、饭匙草

生态类群： 湿生植物

形态特征： 二年生或多年生草本植物。植株高约50cm。须根多数。根状茎短粗。叶基生，呈莲花座，叶片卵形或椭圆形，全缘或呈不规则波状浅齿；叶具长柄，柄与叶片等长或长于叶片。花茎3～10个；穗状花序，圆柱形，上端紧密或稀疏，下端常间断；花淡绿色；花冠小，白色。蒴果纺锤状卵形、卵状圆锥形或卵球形；种子卵状椭圆形或近椭圆形，黑褐色。花期4～8月，果期6～9月。

生境与分布： 车前常生于沟边、田边、河岸湿地。除西北外在我国各地均有分布；在朝鲜、日本、俄罗斯、尼泊尔、马来西亚、印度尼西亚也有分布。

流域分布： 南盘江、红水河、北盘江、贺江、樟江、杞麓湖

主要用途： 全株入药，有清热利尿、凉血解毒、祛痰镇咳之功效，可治疗小便不利、淋浊带下、水肿胀满、暑湿泻痢、目赤障翳、痰热咳喘等。幼苗可食，也可作饲料。

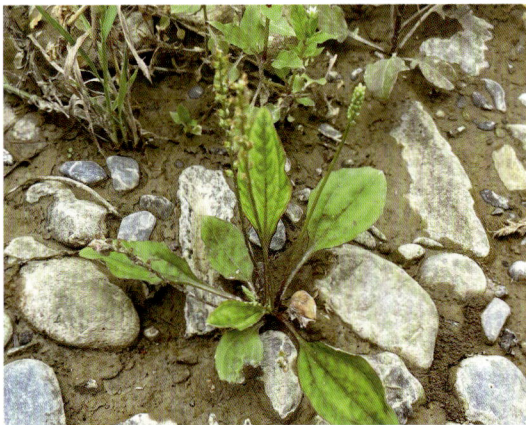

（三）唇形科 Labiatae

半枝莲 *Scutellaria barbata* D. Don

分类系统：

类别	名称	拉丁学名
界	植物界	Plantae
门	被子植物门	Angiospermae
纲	双子叶植物纲	Dicotyledoneae
目	管状花目	Tubiflorae
科	唇形科	Labiatae
属	黄芩属	*Scutellaria*

别名： 牙刷草、赶山鞭、狭叶韩信草、水黄芩、田基草、瘦黄芩

生态类群： 湿生植物

形态特征： 多年生草本植物。株高 12～55cm。根茎短粗。须状根簇生。茎直立，四棱形，无毛或上部疏被柔毛。叶对生，三角状卵圆形或卵圆状披针形；叶柄短或近无柄，疏被小毛。总状花序腋生；花生于茎或分枝上部叶腋内；苞叶椭圆形至长椭圆形，全缘，疏被毛；花冠紫蓝色，外被短柔毛，内被疏柔毛；雄蕊 4 枚。小坚果褐色，扁球形，具小疣状突起。花果期 4～8 月。

生境与分布： 半枝莲常生于田边、溪边或湿润草地上。在我国主要分布于华东、华中、华南地区和台湾等地；在印度、尼泊尔、缅甸、老挝、泰国、越南、日本及朝鲜也有分布。

流域分布： 黔江、红水河

主要用途： 全草入药，有清热解毒、消肿止痛、活血祛瘀功效，可治肝炎、阑尾炎、咽喉炎、尿道炎、胃痛、疮痈肿毒、跌打损伤、蚊虫咬伤等症。

薄荷 *Mentha canadensis*

分类系统：

类别	名称	拉丁学名
界	植物界	Plantae
门	被子植物门	Angiospermae
纲	双子叶植物纲	Dicotyledoneae
目	管状花目	Tubiflorae
科	唇形科	Labiatae
属	薄荷属	*Mentha*

别名： 野薄荷、夜息香、见肿消、水薄荷、水益母、接骨草、野仁丹草、鱼香草

生态类群： 湿生植物

形态特征： 多年生草本植物。株高 30～60cm。茎锐四棱形，具四槽；茎上部直立，被柔毛，下部数节具须根及匍匐根状茎，多分枝。叶对生，披针形、椭圆形或卵状披针形，边缘疏生粗锯齿，密生微绒毛；叶柄腹凹背凸，被微绒毛。轮伞花序球形，腋生；花冠淡紫色。小坚果卵球形，黄褐色，具小腺窝。花期 7～9 月，果期 10 月。

生境与分布： 薄荷常生于海拔 3500m 以下的水旁潮湿地。在我国南北各地均有分布；在热带亚洲、俄罗斯、朝鲜、日本及北美洲亦有分布。

流域分布： 都柳江、阳宗海

主要用途： 全草入药，可治感冒发热、咽喉疼痛、头痛目赤、肌肉疼痛、皮肤瘙痒等。可作菜食或香料。

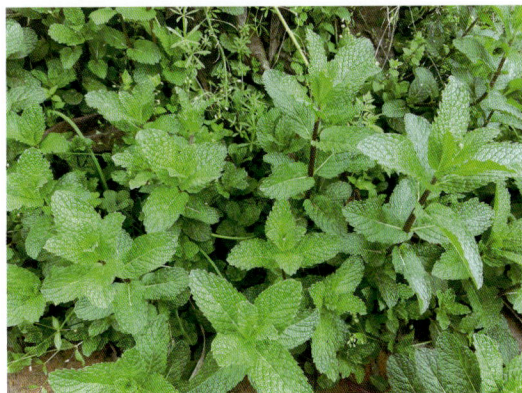

荔枝草 *Salvia plebeia* R. Br.

分类系统：

类别	名称	拉丁学名
界	植物界	Plantae
门	被子植物门	Angiospermae
纲	双子叶植物纲	Dicotyledoneae
目	管状花目	Tubiflorae
科	唇形科	Labiatae
属	鼠尾草属	*Salvia*

别名：癞蛤蟆草、野猪菜、土犀角、蛤蟆草、臭草

生态类群：湿生植物

形态特征：一年生或二年生草本植物。主根肥厚，须根多数。茎高 15～90cm，直立粗壮，多分枝，疏被柔毛。叶对生，椭圆状卵圆形或椭圆状披针形，基部圆形或楔形，边缘具锯齿，疏生微硬毛；叶柄腹凹背凸，密被疏柔毛。轮伞花序多枚，在茎、枝顶端组成总状或总状圆锥花序；花冠淡红色、淡紫色、紫色、蓝紫色至蓝色，稀白色。小坚果倒卵圆形。花期 4～5 月，果期 6～7 月。

生境与分布：荔枝草常生于海拔 2800m 以下的滩地、沟边、田野潮湿地。在我国除新疆、甘肃、青海及西藏外的各地都有分布；在朝鲜、日本、阿富汗、印度、缅甸、泰国、越南、马来西亚、澳大利亚也有分布。

流域分布：黔江、南盘江、北盘江

主要用途：全草入药，可用于治疗跌打损伤、感冒发热、咽喉肿痛、痈肿疮毒、小儿惊风、子宫脱出、烫伤等。

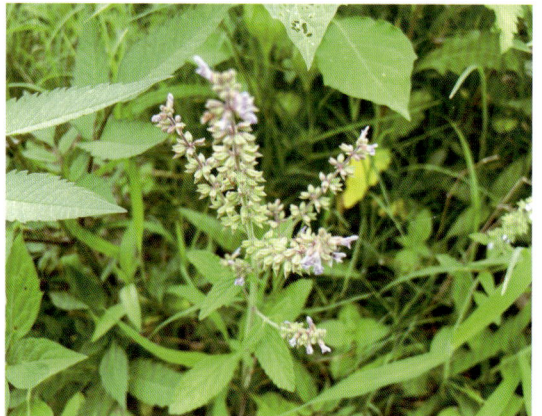

（四）茨藻科 **Najadaceae**

大茨藻 *Najas marina* L.

分类系统：

类别	名称	拉丁学名
界	植物界	Plantae
门	被子植物门	Angiospermae
纲	单子叶植物纲	Monocotyledoneae
目	沼生目	Helobiae
科	茨藻科	Najadaceae
属	茨藻属	*Najas*

生态类群：沉水植物

形态特征：一年生沉水草本植物。植株高 30 ～ 100cm，较粗壮，呈黄绿至墨绿色。基部节上生不定根。多分枝，呈二叉状，具稀疏尖锐的粗刺。叶近对生和 3 叶假轮生，无柄，常密集聚生于枝端；叶片线状披针形，先端具 1 黄褐色刺细胞，边缘具粗锯齿，背面沿中脉疏生刺状齿；叶鞘宽圆形。花黄绿色，单生于叶腋。瘦果椭圆形或倒卵状椭圆形，黄褐色。花果期 9 ～ 11 月。

生境与分布：大茨藻生于海拔 2690m 以下的池塘、湖泊和缓流河水中。在我国产于华中地区和台湾、云南、辽宁、内蒙古、河北、山西、新疆、江苏、浙江等省区；在朝鲜、日本、马来西亚、印度及欧洲、非洲和北美洲也有分布。

流域分布：异龙湖、阳宗海

主要用途：全草可作绿肥和饲料。

小茨藻 *Najas minor* **All.**

分类系统：

类别	名称	拉丁学名
界	植物界	Plantae
门	被子植物门	Angiospermae
纲	单子叶植物纲	Monocotyledoneae
目	沼生目	Helobiae
科	茨藻科	Najadaceae
属	茨藻属	*Najas*

别名：微茨藻、鸡羽藻、吉吉格－疏得乐吉、小刺藻

生态类群：沉水植物

形态特征：一年生沉水草本。植株高 4 ～ 25cm，纤细，呈黄绿至深绿色。茎圆柱形，光滑无齿，下部匍匐，上部直立，基部节生不定根。叶线形，上部呈 3 叶假轮生，下部叶近对生，无柄，常密聚于枝端。花小，单生于叶腋；雄花浅黄绿色，具瓶状佛焰苞；雌花无佛焰苞和花被。瘦果窄椭圆形，上部渐窄而稍弯，黄褐色；种皮坚硬，易碎。花果期 6 ～ 10 月。

生境与分布：小茨藻丛生于海拔 2700m 以下的湖泊、池塘、沟渠和稻田中。产于我国东北、华中、华南、华东地区及内蒙古、新疆、云南等省区；在亚洲其他国家、欧洲、非洲和美洲也有分布。

流域分布：桃花江、阳宗海、异龙湖

主要用途：全株可供观赏，适宜在大型水族箱中作配景材料。

（五）大戟科 **Euphorbiaceae**

白饭树 *Flueggea virosa*（**Roxb. ex Willd.**）**Voigt**

分类系统：

类别	名称	拉丁学名
界	植物界	Plantae
门	被子植物门	Angiospermae
纲	双子叶植物纲	Dicotyledoneae
目	大戟目	Euphorbiales
科	大戟科	Euphorbiaceae
属	白饭树属	*Flueggea*

别名：鱼眼木、鹊饭树、金柑藤、白倍子、叶底珠

生态类群：湿生植物

形态特征：野生常绿灌木。株高 1～6m，全株无毛。叶纸质，椭圆形、长圆形、倒卵形或近圆形，先端有小尖头，基部楔形，全缘，白绿色；托叶披针形。花小，淡黄色，多朵簇生于叶腋。蒴果浆果状，近圆球形，成熟时果皮淡白色、种子栗褐色，具光泽，有小疣状凸起及网纹。花期 3～8 月，果期 7～12 月。

生境与分布：白饭树多生于海拔 100～2000m 的河边、溪边、路边或山地灌木丛中。在我国分布于华东、华南及西南各省份；在亚洲其他国家和非洲、大洋洲也分布广泛。

流域分布：浔江、黔江、红水河、桂江、澄江、柳江、环江、贺江、郁江

主要用途：全株入药，有清热解毒、消肿止痛、止痒止血之功效，可治风湿性关节炎、皮肤过敏、湿疹等。

蓖麻 *Ricinus communis* L.

分类系统:

类别	名称	拉丁学名
界	植物界	Plantae
门	被子植物门	Angiospermae
纲	双子叶植物纲	Dicotyledoneae
目	大戟目	Euphorbiales
科	大戟科	Euphorbiaceae
属	蓖麻属	*Ricinus*

别名: 大蓖麻、大麻子、草麻子、巴麻子

生态类群: 湿生植物

形态特征: 一年生粗壮草本或草质灌木植物。株高可达 5m。叶互生，近圆形，呈掌状裂，边缘具锯齿；叶柄粗壮，中空，盾状着生；托叶长三角形，合生。总状花序或圆锥花序顶生，花雌雄同株，雄花生于花序下部，雌花生于上部，均多朵簇生苞腋。蒴果卵球形或近球形，有软刺；种子椭圆形，光滑，具淡褐色或灰白色斑纹。花期几全年或 6～9 月。

生境与分布: 蓖麻喜生于海拔 20～2300m 的湖边、河流两岸冲积地。原产地为非洲东北部的肯尼亚或索马里，在我国分布于华南和西南地区；广泛分布于全球热带地区。

流域分布: 浔江、黔江、红水河、南盘江、柳江、洛清江、杞麓湖、阳宗海、星云湖

主要用途: 蓖麻油在工业上用途广，在医药领域可作缓泻剂。

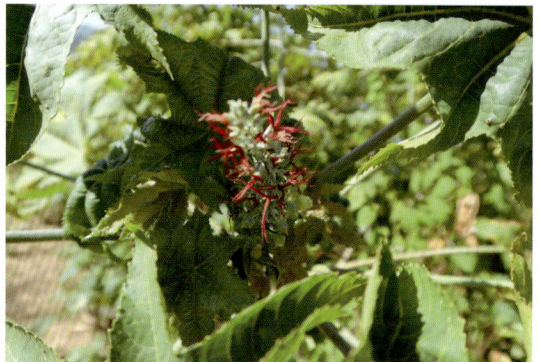

铁苋菜 *Acalypha australis* L.

分类系统：

类别	名称	拉丁学名
界	植物界	Plantae
门	被子植物门	Angiospermae
纲	双子叶植物纲	Dicotyledoneae
目	大戟目	Euphorbiales
科	大戟科	Euphorbiaceae
属	铁苋菜属	*Acalypha*

别名：蛤蜊花、榎草、海蚌含珠、蚌壳草

生态类群：湿生植物

形态特征：一年生草本植物。株高 20～60cm。茎直立或倾斜，多分枝，疏被柔毛。叶互生，长卵形、卵状菱形或椭圆状披针形，边缘有钝锯齿，两面有长柔毛；叶柄长；托叶披针形，被柔毛。穗状或头状花序腋生，雄花序在雌花序上部，雄花多数，雌花 1～3 朵。蒴果小，钝三棱形，绿色，被粗毛；种子卵形，暗黑色，光滑。花期 8～9 月，果期 9～10 月。

生境与分布：铁苋菜生于海拔 20～1900m 的河湖岸边或山谷较湿润地。除西部高原和干燥地区外，我国大部分省份均产；在俄罗斯、朝鲜、日本、菲律宾、越南、老挝也有分布。

流域分布：浔江、黔江、红水河、桂江、漓江、柳江、郁江

主要用途：全草入药，可清热解毒、利湿消积、收敛止血，主治痢疾、腹泻、吐血、便血、尿血、外伤出血、毒蛇咬伤。

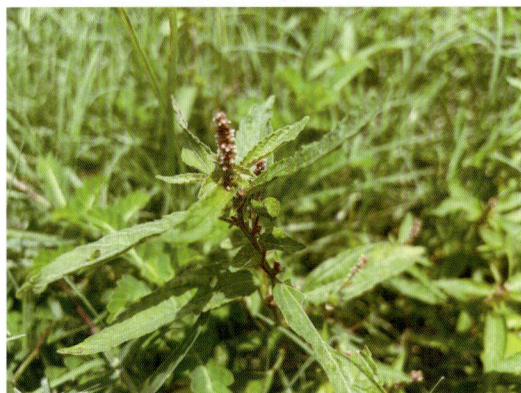

叶下珠 *Phyllanthus urinaria* L.

分类系统：

类别	名称	拉丁学名
界	植物界	Plantae
门	被子植物门	Angiospermae
纲	双子叶植物纲	Dicotyledoneae
目	大戟目	Euphorbiales
科	大戟科	Euphorbiaceae
属	叶下珠属	*Phyllanthus*

别名：珍珠草、阴阳草、珠仔草、蓖其草、假油树、叶后珠

生态类群：半湿生植物

形态特征：一年生草本植物。植株高 10～60cm。茎直立，基部多分枝。叶片长圆形或倒卵形，叶柄扭转呈羽状排列，下面灰绿色，近边缘有短粗毛，侧脉 4～5 对；叶柄极短；托叶卵状披针形。花雌雄同株，雌花单生于小枝中下部的叶腋内；雄花 2～4 朵簇生于叶腋，仅上面 1 朵开花。蒴果圆球状，红色；种子橙黄色。花期 4～6 月，果期 7～11 月。

生境与分布：叶下珠生于海拔 1100m 以下的田边、河边及湿润草地。在我国产于华东、华中、华南、西南地区和河北、山西、陕西等省；在印度、斯里兰卡、中南半岛、日本、马来西亚、印度尼西亚至南美洲也有分布。

流域分布：红水河、北盘江、樟江、郁江、鲤鱼江

主要用途：全草入药，有清热解毒、清肝明目、利水消肿功效，可治病毒性肝炎、目赤肿痛、肠炎腹泻、无名肿毒、痢疾、小儿疳积、肾炎性水肿、尿路感染等。

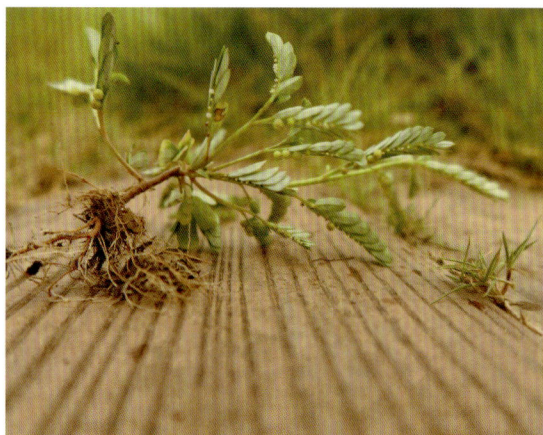

（六）灯心草科 **Juncaceae**

灯心草 *Juncus effusus* L.

分类系统：

类别	名称	拉丁学名
界	植物界	Plantae
门	被子植物门	Angiospermae
纲	单子叶植物纲	Monocotyledoneae
目	百合目	Liliflorae
科	灯心草科	Juncaceae
属	灯心草属	*Juncus*

别名：水灯草、灯芯草

生态类群：湿生植物

形态特征：多年生草本植物。植株通常高 27～91cm，有时可更高。根状茎粗壮横走；茎直立丛生，圆柱形，淡绿色，有纵条纹。叶片刺芒状，全部低出叶，呈鞘状或鳞片状。聚伞花序假侧生，含多朵花，淡绿色；总苞片圆柱形；花被片线状披针形，先端尖，边缘外轮稍长于内轮，黄绿色。蒴果长圆形或卵形，黄褐色；种子卵状长圆形，黄褐色。花期 4～7 月，果期 6～9 月。

生境与分布：灯心草生于海拔 1650～3400m 的河边、池旁、水沟边、田边及沼泽湿处。在我国产于长江下游及陕西、四川、福建、贵州等地；在全球温暖地区均有分布。

流域分布：南盘江、柳江、异龙湖、杞麓湖、抚仙湖

主要用途：茎髓入药，有利尿、清心热功效，可治流感、心烦口渴、湿热黄疸、尿路感染、小便不利。茎可作编织和造纸原料。

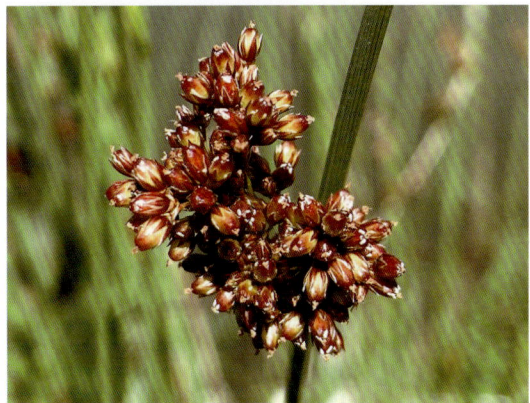

野灯心草 *Juncus setchuensis* **Buchenau ex Diels**

分类系统：

类别	名称	拉丁学名
界	植物界	Plantae
门	被子植物门	Angiospermae
纲	单子叶植物纲	Monocotyledoneae
目	百合目	Liliflorae
科	灯心草科	Juncaceae
属	灯心草属	*Juncus*

别名：秧草、野灯芯草、疏花灯心草

生态类群：湿生植物、挺水植物

形态特征：多年生草本植物。株高25～65cm。根状茎短而横走，具黄褐色须根；茎圆柱形，丛生，直立，茎内含白色髓心。叶为低出叶，呈鞘状或鳞片状，基部红褐色至棕褐色；叶片刺芒状。聚伞花序假侧生，具多花，淡绿色；总苞片呈圆柱形，顶端尖锐；小苞片2枚，三角状卵形；花被片6枚，卵状披针形。蒴果卵形，成熟时黄褐色至棕褐色；种子斜倒卵形，棕褐色。花期5～7月，果期6～9月。

生境与分布：野灯心草常生长在海拔800～1700m的水边、溪旁、浅水里或沼泽湿地中。在我国产于华中、华南地区及四川、贵州、云南、山东、江苏、安徽、浙江、西藏等省区；在朝鲜、澳大利亚也有分布。

流域分布：浔江、贺江、柳江、环江、融江

主要用途：茎髓入药，有利尿通淋、泄热安神功效，可治疗热淋、水肿、小便涩痛、心烦失眠、鼻衄、目赤、齿痛。

笄石菖 *Juncus prismatocarpus* R. Br.

分类系统：

类别	名称	拉丁学名
界	植物界	Plantae
门	被子植物门	Angiospermae
纲	单子叶植物纲	Monocotyledoneae
目	百合目	Liliflorae
科	灯心草科	Juncaceae
属	灯心草属	*Juncus*

别名：江南灯心草、水茅草

生态类群：湿生植物、挺水植物

形态特征：多年生草本植物。株高 17～65cm，具根状茎和多数黄褐色须根。茎圆柱形，直立或斜上，丛生。叶基生和茎生，叶片线形，扁平，绿色；叶鞘边缘膜质，叶耳钝。多数头状花序排成顶生复聚伞花序，半球形或近圆球形；叶状总苞线形，短于花序；花被片线状披针形至狭披针形，绿色或淡红褐色。蒴果三棱状圆锥形，淡褐色或黄褐色；种子长卵形，蜡黄色。花期 3～6 月，果期 7～8 月。

生境与分布：笄石菖多生于海拔 500～1800m 的溪边、沟边、疏林下草地和山坡湿地。在我国产于华南、西南地区及山东、江苏、安徽、浙江、台湾、江西、湖北、湖南等省；在日本、俄罗斯、马来西亚、泰国、印度、斯里兰卡、澳大利亚和新西兰均有分布。

流域分布：浔江、桂江、贺江、右江

主要用途：为田间杂草。

（七）豆科 Leguminosae

光荚含羞草 *Mimosa bimucronata*

分类系统：

类别	名称	拉丁学名
界	植物界	Plantae
门	被子植物门	Angiospermae
纲	双子叶植物纲	Dicotyledoneae
目	蔷薇目	Rosales
科	豆科	Leguminosae
属	含羞草属	*Mimosa*

别名：簕仔树

生态类群：湿生植物

形态特征：落叶灌木。株高 3～6m。小枝密被黄茸毛。二回羽状复叶，羽片 6～7 对，被短柔毛；线形小叶 12～16 对，边缘具疏缘毛。头状花序球形；花白色；花萼杯状，极小；花瓣长圆形，仅基部连合。荚果带状，劲直，无刺毛，褐色，具 5～7 个荚节，成熟时荚节脱落而残留荚缘。花期 6～9 月。

生境与分布：光荚含羞草常生于沟谷溪边、河旁的水湿处。原产自热带美洲；在我国分布于福建、海南、香港、澳门和广东南部沿海地区；在巴西、阿根廷、乌拉圭等国家广泛分布。

流域分布：浔江、郁江、贺江

主要用途：花洁白雅致，观赏性强。也可作护坡和护岸堤植物。

合萌 *Aeschynomene indica* L.

分类系统:

类别	名称	拉丁学名
界	植物界	Plantae
门	被子植物门	Angiospermae
纲	双子叶植物纲	Dicotyledoneae
目	蔷薇目	Rosales
科	豆科	Leguminosae
属	合萌属	*Aeschynomene*

别名: 镰刀草、田皂角、水通草、水槐子、梗通草

生态类群: 湿生植物

形态特征: 一年生亚灌木状草本植物。株高0.3～1m。茎圆柱形,直立,多分枝,绿色。叶对生,为偶数羽状复叶;小叶20～30对或更多;托叶卵形至披针形,基部下延呈耳状。总状花序腋生,比叶短;总花梗疏生刺毛;花冠淡黄色,具紫色的纵脉纹。荚果直或弯曲,线状长圆形;种子肾形,黑棕色。花期7～8月,果期8～10月。

生境与分布: 合萌常生活在湿润地、田埂、水田或溪河边。除草原、荒漠外,在我国各地均有分布;在非洲、大洋洲和亚洲热带地区及朝鲜、日本均有分布。

流域分布: 浔江、洛清江、融江、桂江

主要用途: 全草入药,有清热解毒、祛风利湿、消肿之功效,可治风热感冒、黄疸、痢疾、淋病、痈肿、皮炎、湿疹。也可作绿肥植物。

田菁 *Sesbania cannabina*（Retz.）Poir.

分类系统：

类别	名称	拉丁学名
界	植物界	Plantae
门	被子植物门	Angiospermae
纲	双子叶植物纲	Dicotyledoneae
目	蔷薇目	Rosales
科	豆科	Leguminosae
属	田菁属	*Sesbania*

别名： 向天蜈蚣、碱青、海松柏

生态类群： 湿生植物

形态特征： 一年生草本植物。株高 3 ～ 3.5m。茎绿色，微被白粉。幼枝疏被白色绢毛，折断有白色黏液。羽状复叶；小叶 20 ～ 40 对，对生或近对生，线状长圆形。总状花序具 2 ～ 6 朵花，疏松；苞片线状披针形；花萼斜钟状，萼齿短三角形；花冠黄色，旗瓣横椭圆形至近圆形。荚果细长，长圆柱形；种子绿褐色，有光泽，短圆柱状。花果期 7 ～ 12 月。

生境与分布： 田菁常生于水田、水沟等潮湿地。在我国分布于广西、云南、重庆、海南、江苏、浙江、江西、福建等省区市；在伊拉克、印度、中南半岛、马来西亚、巴布亚新几内亚、澳大利亚、加纳、毛里塔尼亚也有分布。

流域分布： 西江、浔江、桂江、漓江、柳江、郁江、贺江

主要用途： 茎、叶可作绿肥及牲畜饲料。

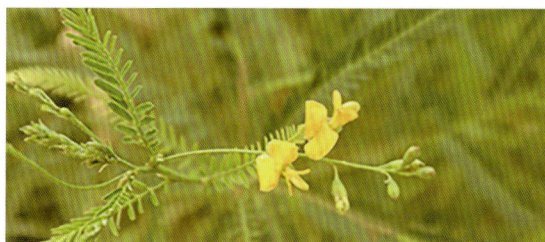

（八）凤仙花科 **Balsaminaceae**

华凤仙 *Impatiens chinensis* L.

分类系统：

类别	名称	拉丁学名
界	植物界	Plantae
门	被子植物门	Angiospermae
纲	双子叶植物纲	Dicotyledoneae
目	无患子目	Sapindales
科	凤仙花科	Balsaminaceae
属	凤仙花属	*Impatiens*

别名：象鼻花、水指甲花

生态类群：湿生植物

形态特征：一年生草本植物。株高 30～60cm。茎下部横卧，上部直立，节略膨大，生不定根。叶对生，无柄或几无柄，条状披针形，边缘疏生刺状锯齿。花单生或 2～3 朵簇生于叶腋，紫红色或白色；苞片线形；萼片 2 枚，条形，唇瓣漏斗状；雄蕊 5 枚，花丝线形；子房纺锤形。蒴果椭圆形，中部膨大，顶端喙尖；种子数粒，圆球形，黑色，有光泽。花期夏秋季。

生境与分布：华凤仙常生长于海拔 100～1200m 的池塘、田边、水沟旁或沼泽地。在我国分布于长江流域以南地区；在印度、缅甸、越南、泰国、马来西亚也有分布。

流域分布：星云湖

主要用途：全草入药，有清热解毒、活血散瘀功效，可治肺结核、湿热带下、痈疮肿毒等症。也可作湿地观赏植物。

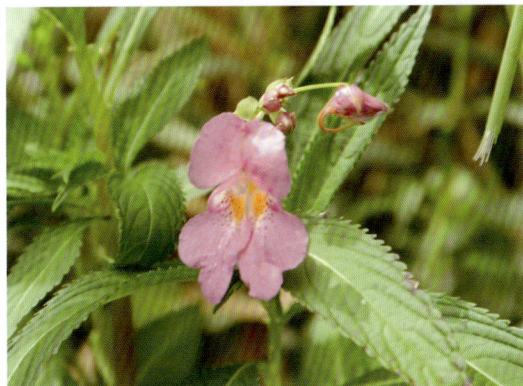

（九）浮萍科 **Lemnaceae**

浮萍 *Lemna minor* **L.**

分类系统：

类别	名称	拉丁学名
界	植物界	Plantae
门	被子植物门	Angiospermae
纲	单子叶植物纲	Monocotyledoneae
目	天南星目	Arales
科	浮萍科	Lemnaceae
属	浮萍属	*Lemna*

别名：青萍、浮萍草、水浮萍、田萍、水萍草
生态类群：漂浮植物
形态特征：多年生小型草本植物。丝状根纤细，白色。叶状体对称，扁平，近圆形、倒卵形或倒卵状椭圆形，表面绿色，背面浅黄色或绿白色或紫色，全缘，边缘整齐或微卷，上表面稍凸起或沿中线隆起，下表面生有数条须根。花单性，雌雄同株。果实圆形，无翅，近陀螺状；种子1粒，具凸出的胚乳和12～15条纵肋。

生境与分布：浮萍多生于水田、池沼、湖泊或其他静水水域，常与紫萍混生。自然分布于我国南北各地；除印度尼西亚的爪哇岛外，在全球其他温暖地区广泛分布。

流域分布：南盘江、红水河、桂江、漓江、异龙湖、星云湖、杞麓湖

主要用途：带根入药，可发汗解表、清热利水、消肿解毒，主治风热感冒、风疹瘙痒、风湿脚气、小便不利等。也可作为家畜、家禽和食草性鱼类良好的饲料。

紫萍 *Spirodela polyrhiza*

分类系统：

类别	名称	拉丁学名
界	植物界	Plantae
门	被子植物门	Angiospermae
纲	单子叶植物纲	Monocotyledoneae
目	天南星目	Arales
科	浮萍科	Lemnaceae
属	紫萍属	*Spirodela*

别名：水萍、紫背浮萍、浮飘草

生态类群：漂浮植物

形态特征：一年生草本植物。根5～11条，束生，纤维状，白绿色；根着生处一侧产圆形新芽，新芽与母体分离之前由1细小柄相连接。叶状体扁平，阔倒卵形，单生或2～5个簇生，先端钝圆，表面稍有内凹，绿色，背面紫色，具5～11条掌状脉。花单性，雌雄同株；很少开花。胞果圆形，有翅缘。

生境与分布：紫萍多生于池塘、水田、水塘、湖湾和水沟，常与浮萍混生。分布于我国南北各地；在全球温带及热带地区广泛分布。

流域分布：红水河、杞麓湖、星云湖

主要用途：全草入药，可治感冒发热、水肿、皮肤湿热、小便不利、斑疹不透。可作家畜、家禽和食草性鱼类饲料。

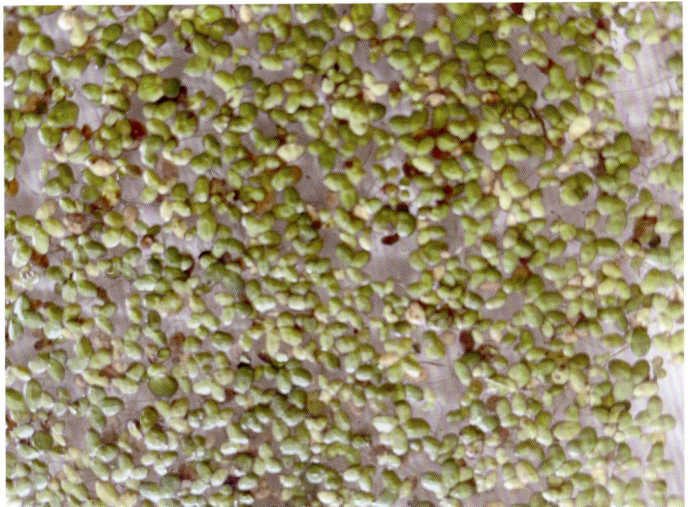

（十）禾本科 Grameae

稗 *Echinochloa crusgalli*

分类系统：

类别	名称	拉丁学名
界	植物界	Plantae
门	被子植物门	Angiospermae
纲	单子叶植物纲	Monocotyledoneae
目	禾本目	Graminales
科	禾本科	Gramineae
属	稗属	*Echinochloa*

别名：稗子、扁扁草

生态类群：湿生植物、挺水植物

形态特征：一年生草本植物。须根多。秆高50～150cm，丛生，无毛，基部倾斜或膝曲。叶片扁平，线形，无毛，边缘粗糙，主脉明显；叶鞘疏松裹秆，光滑无毛；无叶舌。圆锥花序呈近尖塔形，直立；主轴和穗轴具棱，粗糙或疏被疣基长刺毛；分枝可再有小分枝，斜上举或贴向主轴；小穗卵形，密集在穗轴的一侧，具极短的柄或近无柄，脉上密被疣基刺毛。颖果椭圆形，平滑有光泽，骨质。花果期7～10月。

生境与分布：稗既能在浅水中生长又能耐旱，多生于水田、沟边及沼泽湿地。在我国南北各地均有分布；在日本、朝鲜、印度也有分布。

流域分布：西江、黔江、红水河、浔江、贺江、桂江、漓江、桃花江、南溪、柳江、郁江、右江、北盘江、异龙湖

主要用途：是牛、羊、马喜食的优质饲料作物。

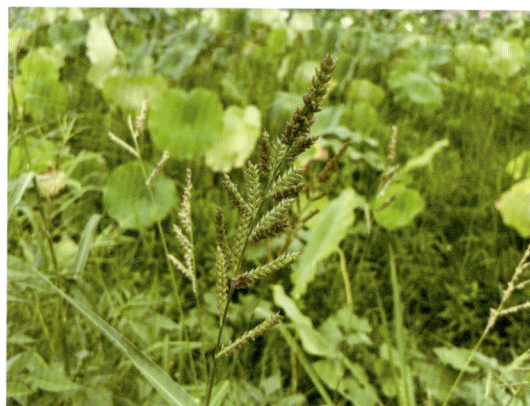

光头稗 *Echinochloa colona*（L.）Link

分类系统:

类别	名称	拉丁学名
界	植物界	Plantae
门	被子植物门	Angiospermae
纲	单子叶植物纲	Monocotyledoneae
目	禾本目	Graminales
科	禾本科	Gramineae
属	稗属	*Echinochloa*

别名: 扒草、穆草、芒稷

生态类群: 湿生植物、挺水植物

形态特征: 一年生草本植物。秆直立，高 10 ～ 60cm，光滑无毛。叶鞘压扁而背具脊，无毛；叶舌缺；叶片扁平，线形，无毛，边缘稍粗糙。圆锥花序直立开展，花序分枝上升，排列稀疏；小穗卵圆形，具小硬毛，无芒，规则四行排列于穗轴一侧；第一颖三角形，第二颖与第一外稃等长而同形；第二外稃椭圆形，平滑有光泽，边缘内卷。果为颖果。花果期夏秋季。

生境与分布: 光头稗多生长在水田、水沟或沼泽中。分布于我国河北、河南、安徽、江苏、浙江、江西、湖北、四川、贵州、福建、广东、广西、云南及西藏等地；在全球温暖地区均有分布。

流域分布: 西江、浔江、黔江、红水河、南盘江、桂江、柳江、郁江、贺江

主要用途: 茎叶可作牲畜青饲料，谷粒可制糖或酿酒。

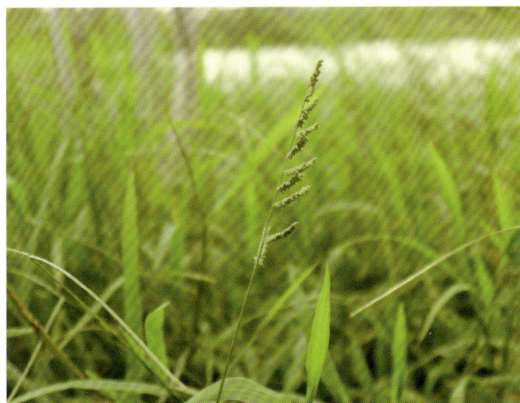

无芒稗 *Echinochloa crusgalli* var. *mitis*

分类系统：

类别	名称	拉丁学名
界	植物界	Plantae
门	被子植物门	Angiospermae
纲	单子叶植物纲	Monocotyledoneae
目	禾本目	Graminales
科	禾本科	Gramineae
属	稗属	*Echinochloa*

生态类群：湿生植物、挺水植物

形态特征：一年生草本植物。秆高50～120cm，直立，粗壮。叶片扁平，线形，边缘粗糙，无毛；叶鞘疏松裹秆，无毛；叶舌缺。圆锥花序直立，分枝开展，常再分小枝，斜升；小穗卵状椭圆形，绿色，顶端无芒或仅具不超过0.5mm的极短芒，脉上被疣基硬毛；第一颖三角形，第二颖与小穗等长，第一外稃草质，第二外稃椭圆形，平滑具光泽。果为颖果。花果期夏秋季。

生境与分布：无芒稗多生于河滩、溪流等水边。产于我国东北、华北、西北、华东、西南及华南等地；分布于全球温暖地区。

流域分布：红水河、浔江、漓江

主要用途：是牛、羊、马喜食的优质牧草。

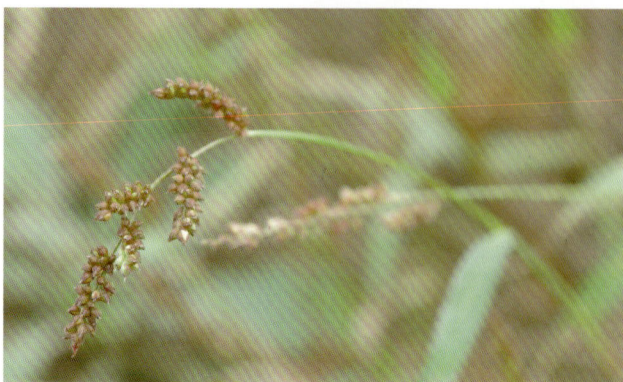

长芒稗 *Echinochloa caudata* Roshev.

分类系统:

类别	名称	拉丁学名
界	植物界	Plantae
门	被子植物门	Angiospermae
纲	单子叶植物纲	Monocotyledoneae
目	禾本目	Graminales
科	禾本科	Gramineae
属	稗属	*Echinochloa*

生态类群: 湿生植物、挺水植物

形态特征: 一年生草本植物。须根多。秆高 1～2m，基部常呈红色。叶线形，无毛，边缘增厚而粗糙；叶鞘无毛或有疣基毛，或仅有粗糙毛或仅边缘有毛。圆锥花序稍下垂，分枝常再分小枝；小穗卵状椭圆形，常带紫色，脉上具硬刺毛；第一颖三角形，长为小穗的 1/3～2/5；第二颖与小穗等长，顶端具短芒；第一外稃草质，脉上疏生刺毛；第二外稃革质，光亮。颖果阔椭圆形；种子脐粒状，乳白色，无光泽。花果期 7～10 月。

生境与分布: 长芒稗生于水边、田边及河边湿润处。在我国产于黑龙江、吉林、内蒙古、河北、山西、新疆、安徽、江苏、浙江、江西、湖南、四川、贵州及云南等省区；在日本、朝鲜、俄罗斯也有分布。

流域分布: 右江、福禄河、异龙湖、杞麓湖、阳宗海、星云湖

主要用途: 可作牲畜饲料。

斑茅 *Saccharum arundinaceum* Retz.

分类系统：

类别	名称	拉丁学名
界	植物界	Plantae
门	被子植物门	Angiospermae
纲	单子叶植物纲	Monocotyledoneae
目	禾本目	Graminales
科	禾本科	Gramineae
属	甘蔗属	*Saccharum*

别名：大密、芭茅

生态类群：两栖植物

形态特征：多年生草本植物。根茎粗壮，被鳞片。秆高2～4m，粗壮无毛，具多节，节具长须毛。叶片条状披针形，具明显的白色中脉，上面基部密生柔毛，边缘具粗糙的锯齿。大型圆锥花序顶生，稠密，穗轴节间长3～6cm，每节着生2～4枚分枝，再分枝2～3枚，具长纤毛；有柄与无柄小穗披针形，黄绿色或带紫色，基盘小而具短毛。颖果长圆形，离生。花果期8～12月。

生境与分布：斑茅多生长于山坡、河岸、溪涧草地、河漫滩。在我国华中、华南地区和台湾、陕西、江苏、安徽、浙江、贵州、四川等省均有分布；也分布于印度、缅甸、泰国、越南、马来西亚。

流域分布：红水河、黔江、洛清江、环江、抚仙湖

主要用途：嫩叶可作牛马饲料，茎叶为人造纤维原料。也可作为观赏植物。

甜根子草 *Saccharum spontaneum* L.

分类系统：

类别	名称	拉丁学名
界	植物界	Plantae
门	被子植物门	Angiospermae
纲	单子叶植物纲	Monocotyledoneae
目	禾本目	Graminales
科	禾本科	Gramineae
属	甘蔗属	*Saccharum*

别名：割手密、罗氏甜根子草

生态类群：湿生植物

形态特征：多年生草本植物。根状茎发达，横走。秆高 1～2m，中空，具多数节，节下敷白色蜡粉，紧接花序以下部分被白色柔毛。叶鞘较长，鞘口具柔毛；叶舌膜质，褐色，顶端具纤毛；叶片线形，基部狭窄，无毛，灰白色，边缘锯齿状。圆锥花序，稠密，分枝细弱直立或伸展；小穗披针形，两颖近相等，无毛；雄蕊 3 枚，柱头紫黑色。果为颖果。花果期 7～8 月。

生境与分布：甜根子草生于海拔 2000m 以下的河边、溪流岸边。在我国产于华南、西南及陕西、江苏、安徽、浙江、江西、湖南、湖北、台湾等省；也分布于印度、缅甸、泰国、越南、马来西亚、印度尼西亚、澳大利亚东部至日本，以及欧洲南部。

流域分布：浔江、南盘江、柳江、郁江、北盘江

主要用途：茎汁入药，有清热利尿、生津止渴之功效，可用于治疗水肿、口干、感冒发热。秆可造纸，嫩枝叶可作饲料。也是巩固河堤的保土植物。

狗牙根 *Cynodon dactylon*（L.）Pers.

分类系统：

类别	名称	拉丁学名
界	植物界	Plantae
门	被子植物门	Angiospermae
纲	单子叶植物纲	Monocotyledoneae
目	禾本目	Graminales
科	禾本科	Gramineae
属	狗牙根属	*Cynodon*

别名：铁线草、百慕大草、绊根草、咸沙草、爬根草

生态类群：湿生植物

形态特征：多年生草本植物。具根状茎或匍匐茎，节间长短不等；匍匐茎平铺地面或浅埋土中，光滑无毛，节上常生不定根。叶片披针形或线形；叶鞘无毛或有疏柔毛，鞘口常具柔毛；叶舌短小，仅具一轮小纤毛。穗状花序指状排列于茎顶，2～6枚；小穗灰绿色或带紫色，含1枚小花；花药淡紫色；柱头紫红色。颖果长圆柱形或椭圆形。花果期5～10月。

生境与分布：狗牙根生于河岸、田边、水边潮湿地。广泛分布于我国黄河流域以南各地；在全球温暖地区均有分布。

流域分布：西江干支流

主要用途：全草入药，可凉血利尿、消肿解热、生肌止血、舒筋活血、接筋骨走经络，主治风湿痿痹、拘挛、手足筋挛、痰火痿软、半身不遂、筋骨酸痛、跌打损伤。也是优良的水土保持植物，还可作干草和青贮饲料。

菰 *Zizania latifolia*（Griseb.）Turcz. ex Stapf

分类系统：

类别	名称	拉丁学名
界	植物界	Plantae
门	被子植物门	Angiospermae
纲	单子叶植物纲	Monocotyledoneae
目	禾本目	Graminales
科	禾本科	Gramineae
属	菰属	*Zizania*

别名：野茭白、茭笋、高笋、菰笋、菰首、茭草、茭包、茭白

生态类群：湿生植物、挺水植物

形态特征：多年生草本植物。具葡匐根状茎和粗壮须根。秆高大直立，高 1～2m，具多数节，基部的节上有不定根。叶扁平，宽大，带状披针形，草绿色，表面粗糙，背面光滑；叶鞘肥厚，长于节间，具小横脉。圆锥花序，多分枝，簇生，上升，果期开展；雄性小穗位于花序下或分枝上，偏紫色；雌性小穗圆筒形，着生于花序上和分枝下。颖果圆柱形，长约 12mm，两端渐尖，表面棕褐色。花果期秋冬季。

生境与分布：菰生于池塘、湖泊及沼泽湿地边。在我国南北各省份均有分布；在亚洲温带地区及欧洲也有分布。

流域分布：异龙湖、杞麓湖、星云湖

主要用途：味甘、性寒，可解热解烦、通乳、利大小便，主治二便不利、乳汁不通、酒精中毒、热病烦渴等病症。全草为优良的饲料，也是美味的蔬菜。还是园林绿化布置、造绿的先锋植物。

假稻 *Leersia japonica*（Makino ex Honda）Honda

分类系统：

类别	名称	拉丁学名
界	植物界	Plantae
门	被子植物门	Angiospermae
纲	单子叶植物纲	Monocotyledoneae
目	禾本目	Graminales
科	禾本科	Gramineae
属	假稻属	*Leersia*

别名：水游草

生态类群：挺水植物

形态特征：多年生草本植物。株高 60～80cm，具匍匐茎或根状茎。秆下部伏卧地面，节生须根，上部向上斜升，节密生倒毛。叶片粗糙或下面平滑；叶鞘短于节间，微粗糙；叶舌膜质，基部两侧下延与叶鞘连合。圆锥花序，分枝平滑，直立或斜升，有角棱，稍压扁；小穗草绿色或带紫色；外稃5脉；内稃3脉；雄蕊6枚。果为颖果。花果期5～10月。

生境与分布：假稻生长于池塘、水田、溪沟及湖旁水湿地。产于我国江苏、浙江、湖南、湖北、四川、贵州、广西、河南、河北等省区；在日本也有分布。

流域分布：右江、福禄河、左江、贺江

主要用途：全草入药，可除湿、利水、消肿，主治风湿麻痹、下肢浮肿等症。也可作饲料。

李氏禾 *Leersia hexandra* Sw.

分类系统：

类别	名称	拉丁学名
界	植物界	Plantae
门	被子植物门	Angiospermae
纲	单子叶植物纲	Monocotyledoneae
目	禾本目	Graminales
科	禾本科	Gramineae
属	假稻属	*Leersia*

别名：秕壳草

生态类群：湿生植物、挺水植物

形态特征：多年生草本植物。根状茎细瘦，匍匐茎发达。秆倾卧地面，节处生根，节部膨大而密被倒生微毛。叶披针形，粗糙，质硬；叶鞘短于节间，平滑；叶舌基部下延与叶鞘融合成鞘边。圆锥花序开展，分枝细，直升，无小枝；小穗含1花，矩圆形，具长约0.5mm短柄；外稃具5脉，脊与边缘具刺状纤毛，两侧具微刺毛。果为颖果。花果期6～8月，在热带地区秋冬季也开花。

生境与分布：李氏禾常生长于河沟、田边及湖泊、水渠、池塘边的湿地。在我国产于广西、广东、海南、台湾、福建等地；在全球热带地区均有分布。

流域分布：南盘江、贺江、柳江、郁江、左江、右江、北盘江、异龙湖、杞麓湖、阳宗海、星云湖、抚仙湖

主要用途：覆盖水面，似水上绿色地毯，十分美观，可供观赏。

看麦娘 *Alopecurus aequalis* Sobol.

分类系统:

类别	名称	拉丁学名
界	植物界	Plantae
门	被子植物门	Angiospermae
纲	单子叶植物纲	Monocotyledoneae
目	禾本目	Graminales
科	禾本科	Gramineae
属	看麦娘属	*Alopecurus*

别名:棒棒草、牛头猛、山高粱、道旁谷

生态类群:湿生植物

形态特征:一年生草本植物。须根细软。秆高 15～40cm，丛生，柔软，光滑，节处膝曲。叶鞘光滑；叶舌膜质；叶片扁平。圆锥花序细条状圆柱形，灰绿色；小穗卵状椭圆形或椭圆形；颖基部连合，脊被纤毛；外稃膜质，前端钝，芒内藏或外露；花药橙黄色。颖果线状倒披针形，长约 1mm，暗灰色。花果期 4～8 月。

生境与分布:看麦娘生于海拔较低的田边及潮湿处。产于我国各地；在欧亚大陆和北美洲的温暖地区也有分布。

流域分布:浔江、苍海湖

主要用途:全草入药，有利湿消肿、清热解毒之功效，可治水肿、水痘、小儿腹泻、消化不良等症。也是优良牧草。

类芦 *Neyraudia reynaudiana*（Kunth）Keng

分类系统：

类别	名称	拉丁学名
界	植物界	Plantae
门	被子植物门	Angiospermae
纲	单子叶植物纲	Monocotyledoneae
目	禾本目	Graminales
科	禾本科	Gramineae
属	类芦属	*Neyraudia*

别名：假芦

生态类群：两栖植物

形态特征：多年生草本植物。根状茎木质，具粗壮而坚硬的须根。秆直立，高 2 ～ 3m，通常节具分枝，节间被白粉。叶片扁平或卷折，无毛或上面生柔毛；叶鞘仅沿颈部具柔毛；叶舌具细密柔毛。圆锥花序，具分枝，细长；小穗含 5 ～ 8 枚小花；第一外稃无毛；颖片短小；外稃边脉密生细长的柔毛，顶端具向外反曲的短芒；内稃短于外稃。花果期 8 ～ 12 月。

生境与分布：类芦生于海拔 300 ～ 1500m 的江河岸边、山坡或砾石草地。在我国产于华南及贵州、云南、四川、湖北、湖南、江西、台湾、浙江、江苏；在印度、缅甸、马来西亚等地也均有分布。

流域分布：北盘江、漓江、右江、左江

主要用途：作为水土保持植物，被广泛用于我国南方水蚀荒漠化地带的植被恢复。

芦苇　*Phragmites australis*（Cav.）Trin. ex Steud.

分类系统：

类别	名称	拉丁学名
界	植物界	Plantae
门	被子植物门	Angiospermae
纲	单子叶植物纲	Monocotyledoneae
目	禾本目	Graminales
科	禾本科	Gramineae
属	芦苇属	*Phragmites*

别名：芦子、葭、苇子、毛苇、泡芦、蒹

生态类群：湿生植物、挺水植物

形态特征：多年生草本植物。根状茎发达。秆高 1～5m，具 20 或更多节，基部和上部的节间较短，最长节间位于下部第 4～6 节，节下常被白粉。叶片带状披针形，无毛；叶鞘长于节间，圆筒形，无毛或具细毛；叶舌边缘具一圈短纤毛，易脱落。大型圆锥花序，顶生，具多数纤细分枝；小穗稠密，斜展，含 4 枚小花。颖果长约 1.5mm。花果期 7～11 月。

生境与分布：芦苇多生于池塘、沟渠、江河湖泽沿岸和浅水湿地。产于我国南北各地；在全球广泛分布。

流域分布：西江、黔江、浔江、南盘江、桂江、柳江、樟江、龙江河、环江、郁江、邕江、左江、右江、北盘江、星云湖、异龙湖、阳宗海、杞麓湖、抚仙湖

主要用途：根状茎入药，可利尿、健胃、镇呕；花可治鼻衄、血崩、上吐下泻等病症。秆为造纸、编席织帘及建棚的材料，幼嫩茎叶是良好牧草饲料，叶子可包粽子。芦苇根系发达，根深蒂固，因此也是固堤造陆先锋环保植物。

花叶芦竹 *Arundo donax var. versiocolor*

分类系统:

类别	名称	拉丁学名
界	植物界	Plantae
门	被子植物门	Angiospermae
纲	单子叶植物纲	Monocotyledoneae
目	禾本目	Graminales
科	禾本科	Gramineae
属	芦竹属	*Arundo*

别名: 变叶芦竹、斑叶芦竹、彩叶芦竹、花芦竹、玉带草

生态类群: 湿生植物、挺水植物

形态特征: 多年生草本植物。根状茎粗壮发达。株高 1.5～2m，高大直立，具多节，常分枝。叶片扁平而伸长，基部抱茎，具白色的纵长条纹；叶鞘长于节间；叶舌截平。圆锥花序极大型，分枝稠密；小穗含 2～4 枚小花；颖披针形；外稃延伸为长 1～2mm 的短芒，背面中部以下密生长柔毛，两侧上部具短柔毛；内稃长约是外稃的一半；雄蕊 3 枚。颖果细小黑色。花果期 9～12 月。

生境与分布: 花叶芦竹多生于河岸、湖边、沟渠边、池塘边或道旁。在我国广东、广西、贵州、云南、海南、台湾等南方地区庭园有栽培。

流域分布: 漓江、异龙湖、阳宗海、星云湖、抚仙湖

主要用途: 为园林水景区观赏植物。

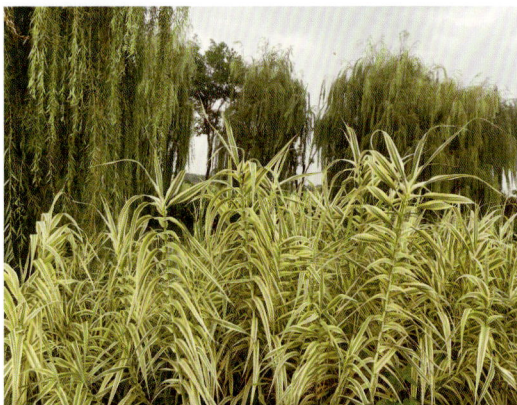

芦竹 *Arundo donax* **L.**

分类系统：

类别	名称	拉丁学名
界	植物界	Plantae
门	被子植物门	Angiospermae
纲	单子叶植物纲	Monocotyledoneae
目	禾本目	Graminales
科	禾本科	Gramineae
属	芦竹属	*Arundo*

生态类群：湿生植物、挺水植物

形态特征：多年生草本植物。具发达根状茎和须根。秆高 3 ~ 6m，粗壮直立，具多节，可分枝。叶片扁平，上面与边缘粗糙，基部白色，抱茎；叶舌截平，前端具纤毛；叶鞘长于节间，无毛或颈部具长柔毛。圆锥花序较密，极大型，分枝，斜升；小穗含 2 ~ 4 枚小花。颖果黑色，细小。花果期 8 ~ 12 月。

生境与分布：芦竹多生于溪河堤岸、沟渠边、池塘边或道旁潮湿地。在我国产于广东、海南、广西、贵州、云南、四川、湖南、江西、福建、台湾、浙江、江苏；在亚洲其他地区及非洲、大洋洲热带地区也广泛分布。

流域分布：南盘江、北盘江、漓江、柳江、郁江、邕江、左江、右江、福禄河、异龙湖、阳宗海、抚仙湖

主要用途：根状茎和嫩笋芽入药，可清热利尿、养阴止渴。也是湿地、庭园绿化的布景材料。秆为簧乐器原料，茎为造纸和人造丝原材料，幼嫩枝叶可作青饲料。

芒 *Miscanthus sinensis* Andersson

分类系统:

类别	名称	拉丁学名
界	植物界	Plantae
门	被子植物门	Angiospermae
纲	单子叶植物纲	Monocotyledoneae
目	禾本目	Graminales
科	禾本科	Gramineae
属	芒属	*Miscanthus*

别名:白茅草、花叶芒、金平芒、紫芒、高山鬼芒、芒草

生态类群:两栖植物

形态特征:多年生草本植物。根状茎发达，须根较多。秆直立，高 1～2m。叶片带状线形，下面疏生柔毛及白粉，中脉明显，边缘粗糙；叶鞘长于其节间，无毛；叶舌膜质，顶端具纤毛。圆锥花序直立，分枝较粗硬；小枝节间三棱形，具短柄和长柄；小穗披针形，黄色有光泽，基盘具等长于小穗的白色或淡黄色丝状毛。颖果长圆形，暗紫色。花果期 7～12 月。

生境与分布:芒生长于海拔 1800m 以下的湖泊、河流、池塘或沼泽湿地，以及潮湿的山坡草地。产于我国南北各地；在朝鲜、日本也有分布。

流域分布:西江、浔江、黔江、红水河、南盘江、北盘江、柳江、郁江、邕江、左江、右江、樟江

主要用途:花序和根状茎入药，主治月经不调、半身不遂、小便不利、热病口渴等病症。秆可作造纸原料，幼株可作饲料。对土壤生态修复有改善作用。

牛鞭草 *Hemarthria altissima*（Poir.）（Gand.）Ohwi

分类系统：

类别	名称	拉丁学名
界	植物界	Plantae
门	被子植物门	Angiospermae
纲	单子叶植物纲	Monocotyledoneae
目	禾本目	Graminales
科	禾本科	Gramineae
属	牛鞭草属	*Hemarthria*

别名：脱节草、牛仔草、铁马鞭

生态类群：湿生植物

形态特征：多年生草本植物。根状茎长而横走。秆高 60 ～ 150cm，基部横卧，着土后节处生根，有分枝。叶片线形，边缘粗糙，两面无毛；叶鞘压扁，鞘口有疏毛；叶舌短，具纤毛。总状花序单生茎顶或成束腋生，深绿色；穗轴节间近等长于无柄小穗；无柄小穗卵状披针形，第一颖革质，第二颖厚纸质；有柄小穗渐尖，约与无柄小穗等长。颖果卵圆形，蜡黄色。花果期 6 ～ 7 月。

生境与分布：牛鞭草多生于水沟、河滩湿地及草地。产于我国长江以南及河北、山东、陕西等地；在朝鲜、日本、俄罗斯、印度尼西亚、印度，以及美国、巴西等暖温带和热带地区也有分布。

流域分布：西江、浔江、黔江、红水河、漓江、桃花江、柳江、郁江、邕江、左江、北盘江、星云湖

主要用途：可作为优质牧草，也可作为护坡、护堤、护岸的保土植物。

扁穗牛鞭草 *Hemarthria compressa*（L. f.）R. Br.

分类系统：

类别	名称	拉丁学名
界	植物界	Plantae
门	被子植物门	Angiospermae
纲	单子叶植物纲	Monocotyledoneae
目	禾本目	Graminales
科	禾本科	Gramineae
属	牛鞭草属	*Hemarthria*

别名：鞭草、牛草、牛仔蔗、马铃骨、牛鞭草

生态类群：湿生植物

形态特征：多年生草本植物。根茎横走，具分枝，节上生不定根及鳞片。秆直立，高20～40cm，质硬。叶基部圆形，叶片线形，两面无毛；鞘口及叶舌具纤毛。总状花序略扁，光滑无毛；无柄小穗长卵形，长4～5mm；有柄小穗披针形，等长或稍长于无柄小穗；雄蕊3枚，花药长2mm。颖果长卵形，长约2mm。花果期夏秋季。

生境与分布：扁穗牛鞭草多生于海拔2000m以下的河边、田边、路旁湿润处。在我国产于广东、广西、云南；在印度、中南半岛各国也有分布。

流域分布：红水河、浔江、桂江、洛清江

主要用途：根茎入药有解表、祛风、开胃的功效，可用于治疗体虚、感冒、风湿等症状。也是牲畜、家禽、鱼等良好的饲料来源。

千金子 *Leptochloa chinensis*（L.）Nees

分类系统：

类别	名称	拉丁学名
界	植物界	Plantae
门	被子植物门	Angiospermae
纲	单子叶植物纲	Monocotyledoneae
目	禾本目	Graminales
科	禾本科	Gramineae
属	千金子属	*Leptochloa*

生态类群：湿生植物

形态特征：一年生草本植物。秆直立，基部膝曲或倾斜，高 30 ～ 90cm，平滑无毛。叶扁平，先端渐尖，两面微粗糙或下面平滑；叶鞘短于节间，无毛；叶舌膜质，具小纤毛。圆锥花序，主轴及分枝略粗糙；小穗大多带紫色，具 3 ～ 7 枚小花；第一颖较短而狭窄，第二颖具 1 脉；外稃顶端钝，无毛或下部被微毛。颖果长圆球形，长约 1mm。花果期 8 ～ 11 月。

生境与分布：千金子生于海拔 200 ～ 1020m 的潮湿之地、田边或路边草丛。在我国产于云南、广西、广东、陕西、山东、江苏、安徽、浙江、台湾、福建、江西、湖北、湖南、四川等省区；在东南亚也有分布。

流域分布：黔江、右江、澄江、杞麓湖、阳宗海、星云湖

主要用途：可作牧草。成熟种子可药用，具有泻下逐水、破血通经的功效，是中药妇科千金片的主要原料。

蒲苇 *Cortaderia selloana*（Schult.）Aschers. et Graebn.

分类系统：

类别	名称	拉丁学名
界	植物界	Plantae
门	被子植物门	Angiospermae
纲	单子叶植物纲	Monocotyledoneae
目	禾本目	Graminales
科	禾本科	Gramineae
属	蒲苇属	*Cortaderia*

生态类群：湿生植物

形态特征：多年生草本植物。秆高大粗壮，丛生，高 2～3m。叶簇生于秆基部，质硬，极狭窄，边缘具粗糙的细锯齿，呈灰绿色，被短毛；叶舌具一圈密生柔毛。圆锥花序大型，稠密，羽毛状，银白色至粉红色；雌花穗银白色，有光泽，小穗轴节处具丝状柔毛；雄花穗宽塔形，较狭窄，疏弱无毛。颖果。花期 9～10 月。

生境与分布：蒲苇生于各种水滨及潮湿处。原产自巴西、智利、阿根廷，在我国大部分地区有引种；主要分布于美洲。

流域分布：异龙湖、杞麓湖、阳宗海、星云湖、抚仙湖

主要用途：具有良好的生态适应性和观赏价值，多用于栽培观赏。花穗也可制成干花。

雀稗 *Paspalum thunbergii* Kunth ex Steud.

分类系统:

类别	名称	拉丁学名
界	植物界	Plantae
门	被子植物门	Angiospermae
纲	单子叶植物纲	Monocotyledoneae
目	禾本目	Graminales
科	禾本科	Gramineae
属	雀稗属	*Paspalum*

生态类群: 半湿生植物

形态特征: 多年生草本植物。根系发达,具粗壮的匍匐茎,节间短。秆直立,高50～100cm,丛生,节被长柔毛。叶线形,两面被柔毛;叶鞘具脊,长于节间;叶舌膜质。总状花序3～6枚,互生主轴上,形成总状圆锥花序;小穗椭圆状倒卵形,散生微柔毛,具长0.5～1mm小柄;第二颖与第一外稃等长,膜质,边缘具微柔毛;第二外稃与小穗等长,革质,具光泽。花果期5～10月。

生境与分布: 雀稗生于荒野潮湿草地或干旱贫瘠的坡地。在我国产于云南、广西、广东、贵州、江苏、浙江、台湾、福建、江西、湖北、湖南、四川等省区;在日本、朝鲜也有分布。

流域分布: 南盘江、鲤鱼江、郁江、邕江

主要用途: 是牛、羊等喜食的优等牧草,可作饲料。

双穗雀稗 *Paspalum distichum*

分类系统：

类别	名称	拉丁学名
界	植物界	Plantae
门	被子植物门	Angiospermae
纲	单子叶植物纲	Monocotyledoneae
目	禾本目	Graminales
科	禾本科	Gramineae
属	雀稗属	*Paspalum*

别名：过江龙、游草、红拌根草、游水筋

生态类群：湿生植物、挺水植物

形态特征：多年生草本植物。根茎横走，具粗壮匍匐茎，长达 1m。秆基部匍匐，上部直立部分高 20～60cm，节生柔毛。叶披针形，无毛，叶上面略粗糙，背面光滑具脊；叶鞘短于节间，边缘或上部被柔毛；叶舌膜质，无毛。总状花序 2 枚，对连，指状排列于秆顶；小穗倒卵状长圆形，疏生微柔毛。颖果长椭圆形，浅褐色。花果期 5～9 月。

生境与分布：双穗雀稗常生于河边、河岸、湖滨、田边等潮湿地。在我国产于湖南、云南、广西、江苏、台湾、湖北、海南等省区；在全球热带、亚热带地区均有分布。

流域分布：西江、浔江、桂江、贺江、柳江、异龙湖、阳宗海、抚仙湖、星云湖、杞麓湖

主要用途：是优良牧草，也可作固堤、保土、防沙的保土植物。在局部地区需防范其造成作物减产的恶性作用。

圆果雀稗 *Paspalum scrobiculatum* var. *orbiculare*

分类系统:

类别	名称	拉丁学名
界	植物界	Plantae
门	被子植物门	Angiospermae
纲	单子叶植物纲	Monocotyledoneae
目	禾本目	Graminales
科	禾本科	Gramineae
属	雀稗属	*Paspalum*

别名: 园果雀稗

生态类群: 半湿生植物

形态特征: 多年生草本植物。秆高 30～90cm,丛生,直立。叶片长披针形至线形,无毛;叶鞘长于其节间,鞘口有少许长柔毛,基部有白色柔毛;叶舌短小。总状花序 2～10 枚,间距排列于主轴上,分枝间有长柔毛;小穗椭圆形或倒卵形,覆瓦状排列;第二颖具 3 脉,顶端稍尖;第二外稃褐色,革质有光泽。花果期 6～11 月。

生境与分布: 圆果雀稗多生长于海拔 600m 以下的水边、田间路旁或荒坡草地。在我国产于江苏、浙江、台湾、福建、江西、湖北、四川、贵州、云南、广西、广东等省区;在东南亚、澳大利亚、太平洋岛屿也有分布。

流域分布: 南盘江、郁江、鲤鱼江

主要用途: 可作动物的优良牧草。

扁穗雀麦 *Bromus catharticus* **Vahl.**

分类系统:

类别	名称	拉丁学名
界	植物界	Plantae
门	被子植物门	Angiospermae
纲	单子叶植物纲	Monocotyledoneae
目	禾本目	Graminales
科	禾本科	Gramineae
属	雀麦属	*Bromus*

生态类群: 半湿生植物

形态特征: 一年生草本植物。秆直立,高60～100cm。叶鞘闭合,有柔毛;叶舌具缺刻;叶片散生柔毛。圆锥花序开展,分枝粗糙;大型小穗1～3枚,两侧压扁,有小花6～11朵;颖窄披针形,第一颖具7脉,第二颖具7～11脉;外稃具11脉,粗糙,无毛;内稃窄小;雄蕊3枚。颖果具毛茸。花果期5月和9月。

生境与分布: 扁穗雀麦多生于山坡荫蔽沟边。原产自美洲,在我国华东、江苏、台湾及内蒙古等地有引种栽培;在其他各国也被广泛引种。

流域分布: 南盘江、抚仙湖

主要用途: 常作为短期牧草种植。

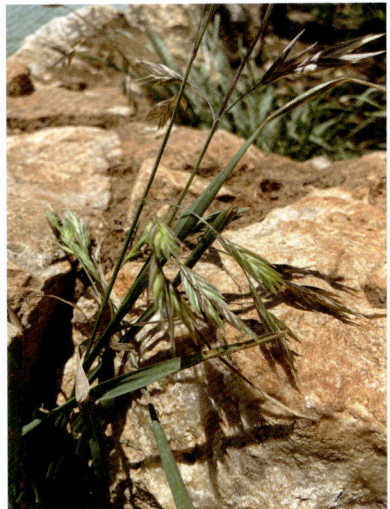

铺地黍 *Panicum repens* L.

分类系统：

类别	名称	拉丁学名
界	植物界	Plantae
门	被子植物门	Angiospermae
纲	单子叶植物纲	Monocotyledoneae
目	禾本目	Graminales
科	禾本科	Gramineae
属	黍属	*Panicum*

别名：匍地黍、枯骨草、硬骨草

生态类群：湿生植物

形态特征：多年生草本植物。根茎粗壮发达。秆直立，坚挺，高 0.5～1m。叶线形，质硬，干时常内卷，表面粗糙，背面光滑；叶舌膜质且极短，顶端被睫毛；叶鞘边缘被纤毛。圆锥花序开展，分枝斜上，粗糙，具棱槽；小穗长圆形；第一颖薄膜质，长为小穗的 1/4，基部包卷小穗；第二颖与小穗近等长。颖果椭圆形，淡棕色。花果期 6～11 月。

生境与分布：铺地黍生于沟渠、溪流、田边及潮湿处。产于我国东南各地；广泛分布于世界热带和亚热带地区。

流域分布：右江、福禄河、郁江、星云湖、异龙湖

主要用途：为高产牧草之一，但也是难以清除的杂草之一。全草也可药用，有清热平肝等功效。

鼠尾粟 *Sporobolus fertilis*（Steud.）Clayton

分类系统：

类别	名称	拉丁学名
界	植物界	Plantae
门	被子植物门	Angiospermae
纲	单子叶植物纲	Monocotyledoneae
目	禾本目	Graminales
科	禾本科	Gramineae
属	鼠尾粟属	*Sporobolus*

生态类群： 湿生植物

形态特征： 多年生草本植物。须根粗壮且较长。秆直立，丛生，高 25 ～ 120cm，平滑无毛。叶较硬，无毛或基部疏生柔毛，常内卷，少数扁平，先端长而渐尖；叶鞘疏松包裹茎基部，平滑无毛或边缘具短纤毛；叶舌纤毛状，极短。圆锥花序线形，常间断或稠密近穗形，分枝稍硬，直立，与主轴贴生或倾斜；小穗灰绿色略带紫色；颖膜质；外稃等长于小穗。囊果长圆状倒卵形或倒卵状椭圆形，成熟后红褐色。花果期 3 ～ 12 月。

生境与分布： 鼠尾粟生于海拔 120 ～ 2600m 的河边或山谷、林下潮湿地。在我国产于华中、华东、西南地区和陕西、甘肃、西藏等省区；在印度、缅甸、斯里兰卡、泰国、越南、马来西亚、印度尼西亚、菲律宾、日本、俄罗斯也有分布。

流域分布： 红水河、北盘江、洛清江、抚仙湖、异龙湖、杞麓湖、阳宗海、星云湖

主要用途： 全草或根可药用，可清热利湿，凉血解毒，主治中暑、痢疾、荨麻疹、热淋、尿血、血崩、乳腺炎等。幼嫩时也可作牲畜饲料。

双稃草 *Diplachne fusca*

分类系统：

类别	名称	拉丁学名
界	植物界	Plantae
门	被子植物门	Angiospermae
纲	单子叶植物纲	Monocotyledoneae
目	禾本目	Graminales
科	禾本科	Gramineae
属	双稃草属	*Diplachne*

生态类群： 湿生植物、挺水植物

形态特征： 多年生草本植物。秆高 20～90cm，直立或膝曲上升，无毛，有分枝。叶鞘疏松，自基部节处以上与秆分离；叶舌膜质；叶常内卷，粗糙，下面平滑。圆锥花序；小穗具柄，近圆柱形，灰绿色，具5～10枚小花；颖膜质，具1脉；外稃背部稍圆，先端全缘或常具2齿裂，具3脉，中脉从齿间延伸成短芒，疏被柔毛；内稃略短于外稃；花药乳脂色。果为颖果。花果期6～9月。

生境与分布： 双稃草多生于潮湿之地。在我国产于辽宁、河北、河南、山东、江苏、安徽、浙江、台湾、福建、湖北、广东等省；从埃及到南非，经东南亚至澳大利亚皆有分布。

流域分布： 右江、左江、郁江、贺江、星云湖、异龙湖

主要用途： 可作家畜饲料。

水蔗草 *Apluda mutica* L.

分类系统：

类别	名称	拉丁学名
界	植物界	Plantae
门	被子植物门	Angiospermae
纲	单子叶植物纲	Monocotyledoneae
目	禾本目	Graminales
科	禾本科	Gramineae
属	水蔗草属	*Apluda*

别名：竹子草、牙尖草、假雀麦、丝线草、米草、糯米草

生态类群：半湿生植物

形态特征：多年生草本植物。根茎坚硬，须根粗壮。秆高 0.5～3m，直立或攀援状，多分枝，基部常斜卧，着地处生不定根，节上具白粉，无毛。叶扁平，线形，基部渐狭成一短柄，两面无毛或沿侧脉疏生白色糙毛；叶鞘具纤毛。圆锥花序单生，由许多总状花序组成；总状花序基部有一细柄着生在总苞腋内，总状花序轴膨胀成陀螺形，2 枚有柄小穗夹持无柄小穗，与总状花序轴直接连生而无关节。颖果卵形，成熟时蜡黄色。花果期 7～10 月。

生境与分布：水蔗草多生于海拔 2000m 以下的田边、水旁湿地及山坡草丛中。在我国产于西南、华南及台湾等地；在印度、日本、中南半岛等东南亚地区、澳大利亚及热带非洲也有分布。

流域分布：柳江、郁江、右江、澄江、蒙江、北盘江、阳宗海

主要用途：根或茎叶入药，可祛腐解毒、生肌、壮阳，主治下肢溃烂、皮肤破溃、阳痿、蛇虫咬伤等。幼嫩时可作饲料。

筒轴茅 *Rottboellia cochinchinensis*

分类系统：

类别	名称	拉丁学名
界	植物界	Plantae
门	被子植物门	Angiospermae
纲	单子叶植物纲	Monocotyledoneae
目	禾本目	Graminales
科	禾本科	Gramineae
属	筒轴茅属	*Rottboellia*

别名： 罗氏草

生态类群： 半湿生植物

形态特征： 一年生草本植物。须根粗壮。秆直立，高达 2m，或低矮丛生，无毛。叶鞘具硬刺毛；叶舌长 2mm，上缘具纤毛；叶片线形，中脉粗壮，边缘粗糙。总状花序粗壮直立，上部渐尖，易逐节断落；无柄小穗，第一颖质厚，卵形；第二颖质较薄，舟形；第一小花雄性，花药短小而色深；第二小花两性，花药黄色；雌蕊柱头紫色；有柄小穗绿色，卵圆形。颖果长圆状卵形。花果期秋季。

生境与分布： 筒轴茅生于海拔 200m 以下的海滨、田边草丛。在我国产于福建、台湾和华南、西南地区；在亚洲其他地区及热带非洲、大洋洲也有分布。

流域分布： 郁江、鲤鱼江

主要用途： 全草入药，利尿通淋，可用于治疗小便不利。

菵草 *Beckmannia syzigachne*（Steud.）Fernald

分类系统：

类别	名称	拉丁学名
界	植物界	Plantae
门	被子植物门	Angiospermae
纲	单子叶植物纲	Monocotyledoneae
目	禾本目	Graminales
科	禾本科	Gramineae
属	菵草属	*Beckmannia*

别名：罔草

生态类群：湿生植物

形态特征：一年生草本植物。秆高15～90cm，具2～4节，直立。叶鞘多长于节间，无毛；叶舌透明膜质；叶片扁平，粗糙或下面平滑。圆锥花序直立或斜升，分枝稀疏；小穗扁平，圆形，灰绿色，常含1枚小花；颖草质；边缘质薄，白色，背部灰绿色，具淡色的横纹；外稃披针形，具5脉，常具伸出颖外的短尖头；花药黄色。颖果长圆形，先端具丛生短毛，黄褐色。花果期4～10月。

生境与分布：菵草生于海拔3700m以下的湿地、水沟边及浅的流水中。产于全国各地；广泛分布于全球。

流域分布：西江、浔江、红水河、南盘江、桂江、柳江、贺江、郁江、鲤鱼江、樟江、环江、阳宗海、杞麓湖、抚仙湖

主要用途：种子入药，可清热、利胃肠、益气，主治感冒发热、食滞胃肠、身体乏力。

香根草 *Chrysopogon zizanioides*

分类系统:

类别	名称	拉丁学名
界	植物界	Plantae
门	被子植物门	Angiospermae
纲	单子叶植物纲	Monocotyledoneae
目	禾本目	Graminales
科	禾本科	Gramineae
属	金须茅属	*Chrysopogon*

别名: 岩兰草、培地茅

生态类群: 湿生植物

形态特征: 多年生草本植物。须根多,具浓郁香气。秆丛生,高 1 ~ 2.5m,中空。叶线形,扁平,下部对折,与叶鞘无明显的界线,双面无毛,边缘粗糙;叶鞘具背脊,无毛;叶舌短,边缘具纤毛。圆锥花序大型,顶生,主轴粗壮具节,节上具多数轮生分枝;总状花序主轴和小穗柄无毛;无柄小穗线状披针形;有柄小穗扁平,等长或稍短于无柄小穗。花果期8 ~ 10月。

生境与分布: 香根草喜生长于河流、溪沟旁湿地。原产自地中海地区至印度,在我国重庆、江苏、浙江、福建、台湾、广东、海南、四川均有引种;也广泛分布于非洲、印度、斯里兰卡、泰国、缅甸、印度尼西亚爪哇岛、马来西亚等地。

流域分布: 西江、鲤鱼江

主要用途: 为护坡、固土、水土保持和植物恢复的先锋植物。须根可作定香剂,幼叶可作饲料,茎秆可作造纸原料。

薏苡 *Coix lacryma-jobi* L.

分类系统：

类别	名称	拉丁学名
界	植物界	Plantae
门	被子植物门	Angiospermae
纲	单子叶植物纲	Monocotyledoneae
目	禾本目	Graminales
科	禾本科	Gramineae
属	薏苡属	*Coix*

别名：菩提子、五谷子、草珠子、大薏苡、念珠薏苡

生态类群：湿生植物

形态特征：一年生草本植物。根黄白色，海绵质。秆直立，高 1 ～ 2m，具 10 多节，节多分枝。叶鞘短于节间，无毛；叶片线状披针形，基部圆形或近心形，常无毛；叶舌干膜质。总状花序腋生成簇，直立或下垂，具长梗；雌性小穗位于花序下部，外包有骨质念珠状总苞，总苞卵圆形，光泽坚硬；雄小穗 2 ～ 3 对，具有柄和无柄二型。颖果小，外壳光滑，种仁大多为宽卵形或长椭圆形，乳白色。花果期 6 ～ 12 月。

生境与分布：薏苡生于海拔 200 ～ 2000m 的池塘、河沟、溪涧、山谷湿润处。产于我国东部、中部和南部等地区；在东南亚与太平洋岛屿、热带、亚热带、非洲、美洲均有分布。

流域分布：星云湖、抚仙湖、异龙湖

主要用途：全草入药，可健脾养胃、祛湿消肿。秸秆是优良的牲畜饲料。

（十一）胡桃科 **Juglandaceae**

枫杨 *Pterocarya stenoptera* C. DC.

分类系统：

类别	名称	拉丁学名
界	植物界	Plantae
门	被子植物门	Angiospermae
纲	双子叶植物纲	Dicotyledoneae
目	胡桃目	Juglandales
科	胡桃科	Juglandaceae
属	枫杨属	*Pterocarya*

别名： 麻柳、马尿骚、蜈蚣柳

生态类群： 湿生植物

形态特征： 高大乔木。高达 30m，胸径达 1m。幼树树皮平滑，浅灰色，老时则深纵裂；小枝灰色至暗褐色，具灰黄色皮孔。叶多为偶数羽状复叶；小叶长椭圆形或长椭圆状披针形，先端短尖，基部楔形至圆形，具细锯齿。花序顶生，花序轴密被星状毛及单毛。果长椭圆形，基部被星状毛；果序轴被毛；果翅条状长圆形。花期 4～5 月，果期 8～9 月。

生境与分布： 枫杨生于海拔 1500m 以下的溪涧河滩、阴湿山坡。在我国产于陕西、华东、华中、华南及西南东部；在日本、韩国、塔吉克斯坦、欧洲、北美洲及大洋洲等国家和地区也有分布。

流域分布： 红水河、桂江、漓江、柳江、樟江、桃花江

主要用途： 枝叶入药，可杀虫止痒、利尿消肿。是河床两岸低洼湿地的良好绿化树种；亦可作纸及人造棉原料。果实可作饲料和酿酒，种子可榨油。

（十二）虎耳草科 *Saxifragaceae*

扯根菜 *Penthorum chinense* Pursh

分类系统：

类别	名称	拉丁学名
界	植物界	Plantae
门	被子植物门	Angiospermae
纲	双子叶植物纲	Dicotyledoneae
目	蔷薇目	Rosales
科	虎耳草科	Saxifragaceae
属	扯根菜属	*Penthorum*

别名：水泽兰、水杨柳、干黄草

生态类群：湿生植物

形态特征：多年生草本植物。株高40～90cm。根状茎分枝；茎直立，红紫色，具多数叶，中下部无毛，上部疏生黑褐色腺毛。叶互生，披针形至狭披针形，边缘具细重锯齿，无毛。聚伞花序具多花；花序分枝与花梗均被褐色腺毛；花小型，黄白色；萼片5枚，三角形。蒴果红紫色；种子多数，卵状长圆形，表面具小丘状突起。花期7～8月，果期9～10月。

生境与分布：扯根菜生于海拔90～2200m的林下、灌丛、草甸及水边。在我国产于华中、东北地区和广东、广西、四川、贵州、云南、河北、陕西、甘肃、江苏、安徽、浙江等省区；在俄罗斯、日本、朝鲜亦有分布。

流域分布：红水河、樟江、柳江、打狗河、异龙湖、杞麓湖

主要用途：全草入药，可利水除湿、止痛祛瘀，主治黄疸、水肿、跌打损伤等。嫩苗可食用。

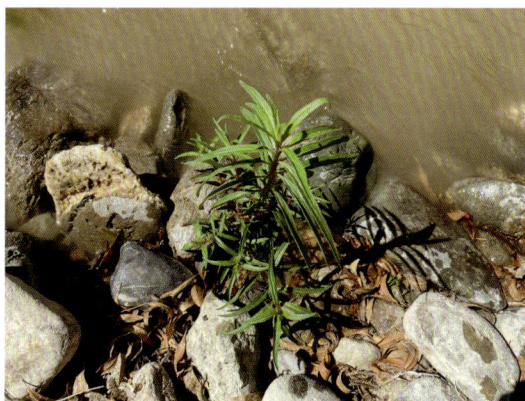

（十三）花蔺科 Butomaceae

水金英 *Hydrocleys nymphoides*（Humb. & Bonpl. ex Willd.）Buchenau

分类系统：

类别	名称	拉丁学名
界	植物界	Plantae
门	被子植物门	Angiospermae
纲	单子叶植物纲	Monocotyledoneae
目	泽泻目	Alismatales
科	花蔺科	Butomaceae
属	水金英属	*Hydrocleys*

别名： 水罂粟、黄金英

生态类群： 浮叶植物

形态特征： 多年生浮叶草本植物。株高约5cm。茎圆柱形，根自茎节处长出。叶互生，簇生于茎上，圆形至阔卵圆形，具长柄，青翠鲜绿色，全缘，漂浮水面；叶柄圆柱形。花单生，杯形，伞形花序；小花具长柄，罂粟状，淡黄色；花瓣3枚，扇形；萼片3枚，长椭圆形；雄蕊5～6枚；子房上位。蒴果披针形；种子细小，多数，马蹄形。花期6～9月，果期10～12月。

生境与分布： 水金英常生长于池沼、湖泊中。原产自巴西、委内瑞拉，在我国南北各地水族馆及生态园水域有栽培；也分布于中南美洲。

流域分布： 异龙湖

主要用途： 为庭院水景、湿地公园水体绿化植物。对氮、磷有吸附作用，可抑制藻类的生长，维护水体稳定和清洁，从而改善水质。

（十四）夹竹桃科 Apocynaceae

白前 *Vincetoxicum glaucescens*（Decne.）C. Y. Wu et D. Z. Li

分类系统：

类别	名称	拉丁学名
界	植物界	Plantae
门	被子植物门	Angiospermae
纲	双子叶植物纲	Dicotyledoneae
目	龙胆目	Gentianales
科	夹竹桃科	Apocynaceae
属	白前属	*Vincetoxicum*

别名：消结草、芫花叶白前、水竹消、溪瓢羹

生态类群：湿生植物

形态特征：多年生草本植物。株高约 60cm。茎被二列柔毛。叶片长圆形或长圆状披针形，对生或轮生，两面无毛；近无柄。聚伞花序伞状，顶生，具 6 ～ 10 朵花；花萼裂片披针形；花冠淡黄色或白色，裂片卵状长圆形。蓇葖果纺锤形或披针状圆柱形，平滑；种子扁长圆形。花期 5 ～ 11 月，果期 7 ～ 12 月。

生境与分布：白前喜生长于低海拔的江边河岸及沙石间。在我国分布于江苏、江西、浙江、广东、广西、湖南和四川等省区。

流域分布：漓江

主要用途：根茎入药，可祛痰镇咳、清肺热、降肺气，主治肺气壅实、痰多而咳嗽不爽、气逆喘促。

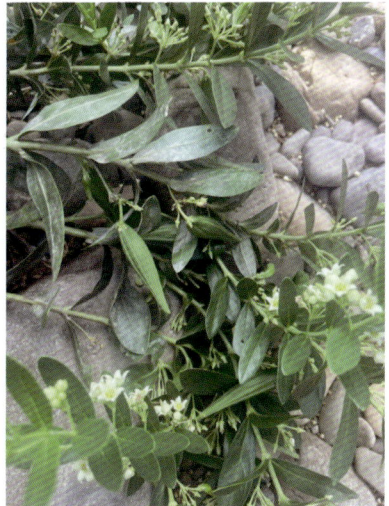

（十五）金鱼藻科 Ceratophyllaceae

金鱼藻 *Ceratophyllum demersum* L.

分类系统：

类别	名称	拉丁学名
界	植物界	Plantae
门	被子植物门	Angiospermae
纲	双子叶植物纲	Dicotyledoneae
目	毛茛目	Ranales
科	金鱼藻科	Ceratophyllaceae
属	金鱼藻属	*Ceratophyllum*

别名：软草、细草、灯笼丝、鱼草、松藻

生态类群：沉水植物

形态特征：多年生沉水草本植物。植物体无根，深绿色。茎长 40～150cm，细长，平滑，具疏生分枝。叶轮生，每轮 4～12 片叶，1～2 次二叉状分歧或细裂；裂片丝状或丝状条形，鲜绿色，先端带白色软骨质，边缘仅一侧有极疏细齿。花小、单性、雌雄同株或异株，生于节部叶腋；坚果宽椭圆形或卵圆形，黑色。花期 6～7 月，果期 8～10 月。

生境与分布：金鱼藻常生在海拔 2700m 以下的湖泊、池塘、河沟、水库、温泉中。在我国南北各地都有分布；遍布全球，为世界广布种。

流域分布：漓江、桃花江、抚仙湖、星云湖

主要用途：全草入药，可凉血止血、清热利水，主治内伤吐血、咳血、热淋涩痛等。可作为水族箱的水生布景植物，也是鱼类、牲畜和家禽良好的饲料。

（十六）桔梗科 Campanulaceae
半边莲 *Lobelia chinensis* Lour.

分类系统：

类别	名称	拉丁学名
界	植物界	Plantae
门	被子植物门	Angiospermae
纲	双子叶植物纲	Dicotyledoneae
目	桔梗目	Campanulales
科	桔梗科	Campanulaceae
属	半边莲属	*Lobelia*

别名： 半边花、细米草、瓜仁草、急解索

生态类群： 湿生植物

形态特征： 多年生草本植物。茎高6～15cm，细弱可分枝，节上生根，无毛。叶互生，椭圆状卵形至披针形，全缘或顶部有浅锯齿。花单生于分枝的上部叶腋；花柄细；花萼筒喇叭形，裂片披针形，约与萼筒等长；花冠淡紫色或淡粉色，喉部被白色柔毛，两侧裂片披针形，中间3枚裂片椭圆状披针形，稍开展。蒴果倒锥状；种子椭圆状，褐色。花果期5～10月。

生境与分布： 半边莲喜生于水田边、溪沟边、河滩及潮湿草地。在我国产于长江中下游及其以南各省份；在印度、日本、朝鲜、越南也有分布。

流域分布： 红水河、黔江、漓江、柳江、樟江、洛清江、抚仙湖

主要用途： 全草入药，可清热解毒、利尿消肿，主治晚期血吸虫病、狂犬病、毒蛇咬伤、肝硬化、腹水、阑尾炎等症。

（十七）菊科 Compositae

金盏银盘 *Bidens biternata*（Lour.）Merr. & Sherff

分类系统：

类别	名称	拉丁学名
界	植物界	Plantae
门	被子植物门	Angiospermae
纲	双子叶植物纲	Dicotyledoneae
目	桔梗目	Campanulales
科	菊科	Compositae
属	鬼针草属	*Bidens*

别名： 鬼针草、一包针、婆婆针、引线包、盲肠草

生态类群： 湿生植物

形态特征： 一年生草本植物。株高30～150cm。茎直立，略具四棱形，无毛或疏被卷曲柔毛。叶互生，一回羽状复叶，小叶卵形至卵状披针形，边缘具不规则的锯齿。头状花序，外层总苞片草质，线形，内层长椭圆形至长圆状披针形；具长柄花序梗，舌状花通常3～5朵，淡黄色。瘦果条形，具四棱，顶端芒刺3～4枚，具倒刺毛，黑色。花果期8～10月。

生境与分布： 金盏银盘常见于田边、河边、村旁及荒地。在我国产于华东、华中、华南、西南及河北、山西、辽宁等地；在朝鲜、日本、东南亚各国及非洲、大洋洲也均有分布。

流域分布： 红水河、黔江、南盘江、漓江、桃花江、柳江、郁江、邕江、左江、右江、北盘江、异龙湖、杞麓湖、星云湖、抚仙湖

主要用途： 全草入药，可清热解毒、散瘀活血、消肿止泻，主治上呼吸道感染、跌打损伤、咽喉肿痛、扁桃体炎、急性阑尾炎、急性黄疸型肝炎、胃肠炎、疟疾等症。

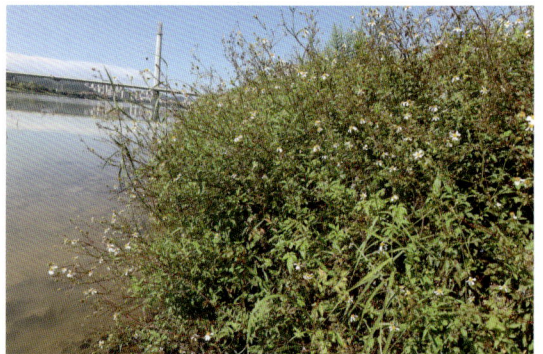

艾 *Artemisia argyi* H. Lév. & Vaniot

分类系统：

类别	名称	拉丁学名
界	植物界	Plantae
门	被子植物门	Angiospermae
纲	双子叶植物纲	Dicotyledoneae
目	桔梗目	Campanulales
科	菊科	Compositae
属	蒿属	*Artemisia*

别名： 金边艾、艾蒿、五月艾、祈艾、医草、灸草、端阳蒿

生态类群： 湿生植物

形态特征： 多年生草本植物。植株有浓香，高 80 ～ 250cm。主根粗壮，侧根多，具横卧地下根状茎及营养枝。茎单生或少数，具纵棱，褐色或灰黄褐色；茎、枝均被灰色柔毛。叶厚纸质，上面被灰白色短柔毛，背面密被灰白色密绒毛；基生叶具长柄，茎下部叶近圆形或宽卵形，中部叶卵形、三角状卵形或近菱形。头状花序椭圆形，在茎上通常再组成窄尖塔形的圆锥花序。瘦果长卵形或长圆形。花果期 7 ～ 10 月。

生境与分布： 艾多生于海拔 1500m 以下的河边、沟边及潮湿地。在我国各地均有分布；在蒙古国、朝鲜、俄罗斯、日本也有分布。

流域分布： 红水河、黔江、浔江、柳江、贺江、郁江、右江、阳宗海、星云湖

主要用途： 全草入药，有温经祛湿、平喘止咳功效，可治慢性支气管炎、哮喘、虚寒胃痛等症。全草熏烟可作房间消毒、杀虫药。嫩芽及幼苗可食。

蒌蒿 *Artemisia selengensis* **Turcz. ex Besser**

分类系统:

类别	名称	拉丁学名
界	植物界	Plantae
门	被子植物门	Angiospermae
纲	双子叶植物纲	Dicotyledoneae
目	桔梗目	Campanulales
科	菊科	Compositae
属	蒿属	*Artemisia*

别名: 白蒿、芦蒿、水陈艾、红艾、水蒿、藜蒿

生态类群: 湿生植物

形态特征: 多年生草本植物。植株具清香气味。主根不明显,具侧根与纤维状须根。茎高 60 ~ 150cm,无毛,有纵棱。叶互生,下部叶宽卵形或卵形;中部叶近成掌状,先端锐尖,边缘有疏尖齿;上部叶线状披针形,边缘具疏锯齿。头状花序多数,长圆形或近球形,在分枝上排成密穗状花序,在茎上组成窄长圆锥花序;花黄色。瘦果卵圆形,略扁。花果期 7 ~ 10 月。

生境与分布: 蒌蒿多生于低海拔地区的河湖岸边、水边堤岸与沼泽地带。在我国产于东北、华中和河北、山西、山东、江苏、安徽、广东、四川、云南及贵州等地;在蒙古国、朝鲜和俄罗斯也有分布。

流域分布: 北盘江、杞麓湖、阳宗海、星云湖、抚仙湖

主要用途: 全草入药,可止血、消炎、镇咳、化痰,主治黄疸型肝炎、急性传染性肝炎。嫩茎叶也可作菜蔬。

鳢肠 *Eclipta prostrata*（L.）L.

分类系统：

类别	名称	拉丁学名
界	植物界	Plantae
门	被子植物门	Angiospermae
纲	双子叶植物纲	Dicotyledoneae
目	桔梗目	Campanulales
科	菊科	Compositae
属	鳢肠属	*Eclipta*

别名：墨旱莲、旱莲草、乌田草、墨汁草、猪牙草、乌心草、墨菜

生态类群：湿生植物

形态特征：一年生草本植物。株高 15～60cm，被短糙伏毛。根状茎匍匐，须根多数；茎自基部分枝，着土后节上易生根。叶对生，椭圆状披针形或披针形。头状花序 1～3 枚，腋生或顶生；具细弱花序梗；总苞为球状钟形，绿色；雌花舌状，白色，两性花多数，管状钟形。瘦果暗褐色，雌花瘦果三棱形，两性花瘦果扁四棱形。花期 6～9 月。

生境与分布：鳢肠常生于河岸、田边、水边湿地。产于我国南北各省份；在全球热带及亚热带地区广泛分布。

流域分布：西江、浔江、黔江、南盘江、北盘江、柳江、贺江、郁江、右江、抚仙湖、异龙湖、星云湖

主要用途：全草入药，有凉血、止血、消肿、补肝肾之功效，可治头晕目眩、乌须固齿、肝肾不足、尿血、各种吐血、风牙疼痛等症。

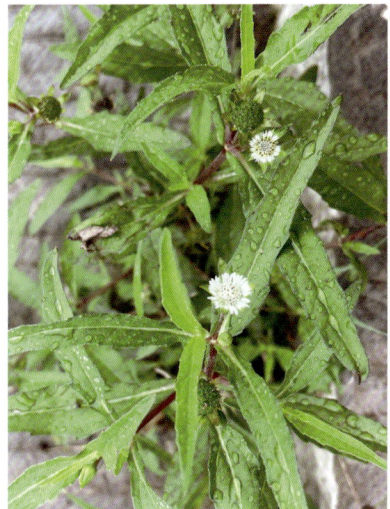

南美蟛蜞菊 *Sphagneticola trilobata*（L.）Pruski

分类系统：

类别	名称	拉丁学名
界	植物界	Plantae
门	被子植物门	Angiospermae
纲	双子叶植物纲	Dicotyledoneae
目	桔梗目	Campanulales
科	菊科	Compositae
属	蟛蜞菊属	*Sphagneticola*

别名：三裂蟛蜞菊、穿地龙、地锦花

生态类群：湿生植物

形态特征：多年生草本植物。茎匍匐，节生不定根，具分枝，有阔沟纹，疏生短糙毛或无毛。叶对生，椭圆形、长圆形或披针形，无柄，通常3裂，基部楔形，无毛或疏被短糙毛。头状花序少数，腋生，具长3～10cm的花序梗；总苞2层，钟形；舌状花4～8朵，卵状长圆形，黄色。瘦果倒卵形，具疣状突起，顶端稍收缩，黑色。花期3～9月。

生境与分布：南美蟛蜞菊常生于河边、田边、沟边或湿润草地上。原产自热带美洲，在我国分布于广东、广西、香港、福建、海南等省区，在全球热带地区广泛归化。

流域分布：柳江、郁江、邕江、左江、右江、抚仙湖

主要用途：可作为绿化地被植物供观赏，也可用于水土保持工程，作护坡、护堤和固坡植物。

石胡荽 *Centipeda minima*（L.）A. Braun & Asch.

分类系统：

类别	名称	拉丁学名
界	植物界	Plantae
门	被子植物门	Angiospermae
纲	双子叶植物纲	Dicotyledoneae
目	桔梗目	Campanulales
科	菊科	Compositae
属	石胡荽属	*Centipeda*

别名：鹅不食草、球子草

生态类群：湿生植物

形态特征：一年生匍匐草本植物。茎高 5 ～ 20cm，多分枝。叶互生，楔状倒披针形，边缘具锯齿。头状花序小，单生于叶腋，扁球形；总苞片椭圆状披针形，绿色；花冠细管状，淡绿黄色，顶端 2 ～ 3 微裂；盘花两性，花冠管状，顶端 4 深裂，淡紫红色。瘦果椭圆形，具 4 棱，棱上有长毛，无冠状冠毛。

花果期 6 ～ 10 月。

生境与分布：石胡荽喜生于塘边及荒野阴湿地。在我国产于东北、华北、华中、华东、华南、西南等地区；在朝鲜、日本、印度、马来西亚、大洋洲也有分布。

流域分布：西江、浔江、黔江、桂江

主要用途：全草入药，可通窍散寒、散瘀消肿、祛风利湿，主治鼻炎、跌打损伤等症。

佩兰 *Eupatorium fortunei* Turcz.

分类系统：

类别	名称	拉丁学名
界	植物界	Plantae
门	被子植物门	Angiospermae
纲	双子叶植物纲	Dicotyledoneae
目	桔梗目	Campanulales
科	菊科	Compositae
属	泽兰属	*Eupatorium*

别名：兰草、香草、八月白、铁脚升麻、失力草、背景草

生态类群：湿生植物

形态特征：多年生草本植物。株高40～100cm。根茎横走，淡红褐色；茎直立，绿色或红紫色。叶倒披针形、长椭圆状披针形或长椭圆形，中部茎生叶3全裂或3深裂，上部茎生叶不裂。头状花序多数在茎顶及枝端排成复伞房花序；总苞钟状；总苞片2～3层，覆瓦状排列，卵状披针形，紫红色；花白色或微粉色。瘦果黑褐色，长椭圆形。花果期7～11月。

生境与分布：佩兰多生于溪边、沟边及山谷潮湿地。在我国分布于山东、江苏、浙江、江西、湖北、湖南、云南、四川、贵州、广西、广东及陕西；在日本、朝鲜也有分布。

流域分布：红水河、柳江、刁江

主要用途：全草入药，有利湿、健胃、清暑热之功效，可用于湿浊内蕴、脘闷不饥、头胀胸闷、口甜黏腻等症的治疗。

紫茎泽兰 *Eupatorium coelestinum* L.

分类系统：

类别	名称	拉丁学名
界	植物界	Plantae
门	被子植物门	Angiospermae
纲	双子叶植物纲	Dicotyledoneae
目	桔梗目	Campanulales
科	菊科	Compositae
属	泽兰属	*Eupatorium*

别名：破坏草、解放草、大黑草、马鹿草、细升麻、花升麻

生态类群：半湿生植物

形态特征：多年生草本植物。株高30～90cm。茎直立，分枝对生、斜上，紫色，被白色或锈色短柔毛。叶对生，叶片呈卵形、三角状卵形或菱状卵形，具长柄，叶表面绿色，背面色浅，两面被稀疏短柔毛，边缘有粗大的圆锯齿。头状花序在茎枝顶端形成伞房花序；管状花两性，淡紫色。瘦果长椭圆形，黑褐色。花果期4～10月。

生境与分布：紫茎泽兰常生于海拔1200m以下的沟边、湖边潮湿地或空旷荒野。原产自美洲，在我国广西、贵州、云南、海南、四川、西藏、重庆、湖北、台湾等地也有分布。

主要用途：全草入药，可清热解毒、活血调经、消肿止痛，主治感冒发热、月经不调、痢疾、脱肛、跌打肿痛。

钻叶紫菀 *Symphyotrichum subulatum*

分类系统：

类别	名称	拉丁学名
界	植物界	Plantae
门	被子植物门	Angiospermae
纲	双子叶植物纲	Dicotyledoneae
目	桔梗目	Campanulales
科	菊科	Compositae
属	联毛紫菀属	*Symphyotrichum*

别名：钻形紫菀、燕尾菜、剪刀菜、白菊花、土柴胡、九龙箭

生态类群：湿生植物

形态特征：一年生草本植物。茎高25～100cm，直立，多分枝，茎基部偏紫红色。叶互生，基生叶倒披针状，极少狭披针形；中部叶线状披针形；上部叶渐小，近线形。头状花序多数，顶生，先端排成圆锥状花序；雌花花冠舌状线形，淡红色或紫色；两性花花冠管状，淡褐色。瘦果线状长圆形或椭圆形，稍扁，具纵棱，疏被白色微毛。花果期9～10月。

生境与分布：钻叶紫菀生于河岸、沟边、海岸及低洼地。原产地北美洲，在我国云南、贵州、湖北、广西、广东、四川、河南、安徽、江苏、浙江、江西、重庆、福建、台湾等地也有分布；广泛分布于全球温暖地区。

流域分布：北盘江、柳江、异龙湖、杞麓湖、星云湖、抚仙湖

主要用途：全草入药，可清热解毒，主治湿疹、疮疡肿毒。其嫩苗、嫩叶也可作蔬菜食用。

（十八）薯蓣科 **Dioscoreaceae**

裂果薯 *Schizocapsa plantaginea* **Hance**

分类系统：

类别	名称	拉丁学名
界	植物界	Plantae
门	被子植物门	Angiospermae
纲	单子叶植物纲	Monocotyledoneae
目	百合目	Liliflorae
科	薯蓣科	Dioscoreaceae
属	裂果薯属	*Schizocapsa*

别名： 广西裂果薯、箭根薯、水田七、凼头鸡

生态类群： 湿生植物

形态特征： 多年生草本植物。株高 20～30cm。根状茎粗短弯曲。叶椭圆状披针形，前端渐尖，沿叶柄两侧成窄翅；叶柄长，基部有鞘。花葶长；总苞片 4 枚，卵形或三角状卵形；伞形花序有 8～20 朵花，淡绿色、淡紫色或暗色；雄蕊花丝极短，顶端兜状。蒴果倒卵形；种子多数，半月形、长圆形或不规则长圆形，具条纹。花期 5～6 月，果期 7～8 月。

生境与分布： 裂果薯生于海拔 200～600m 的水边、沟边、田边及林下潮湿地。在我国产于广西、贵州、云南、湖南、江西、广东等省区；在越南、泰国、老挝也有分布。

流域分布： 柳江、樟江

主要用途： 根状茎入药，有凉血止痛、散瘀消肿、祛腐生新之功效，可治牙痛，外敷治跌打、疮疡肿毒等症。也是良好的盆栽观叶植物。

（十九）爵床科 Acanthaceae

翠芦莉 *Ruellia simplex* C.Wright

分类系统：

类别	名称	拉丁学名
界	植物界	Plantae
门	被子植物门	Angiospermae
纲	双子叶植物纲	Dicotyledoneae
目	管状花目	Tubiflorae
科	爵床科	Acanthaceae
属	芦莉草属	*Ruellia*

别名：蓝花草、兰花草、狭叶芦莉草

生态类群：湿生植物

形态特征：多年生草本植物。茎高55～150cm，直立，呈方形，具沟槽，红褐色。叶线状披针形，暗绿色，新叶及叶柄常呈紫红色，全缘或具疏锯齿。总状花序数个组成圆锥花序，腋生；花冠漏斗状；花色常为蓝紫色，少数粉色或白色。蒴果长圆形，先为绿色，成熟后褐色；种子细小如粉末状。花期3～10月，果期7月至翌年2月。

生境与分布：翠芦莉生于水边、半阴处或阳光充足的地方。原产自美洲墨西哥，在我国广东、广西、贵州、云南、陕西、甘肃、四川、江苏、安徽、浙江、福建、湖北、湖南有栽培；在全球热带地区广为栽培。

流域分布：漓江、郁江、刁江、桃花江

主要用途：可作为园林景观植物供观赏。

水蓑衣 *Hygrophila salicifolia*（Vahl）Nees

分类系统：

类别	名称	拉丁学名
界	植物界	Plantae
门	被子植物门	Angiospermae
纲	双子叶植物纲	Dicotyledoneae
目	管状花目	Tubiflorae
科	爵床科	Acanthaceae
属	水蓑衣属	*Hygrophila*

别名：穿心蛇、鱼骨草、九节花、墨菜

生态类群：湿生植物

形态特征：一年生或二年生草本植物。植株高约80cm。茎呈四棱形，具棱和纵沟，有分枝，仅幼枝被白柔毛。叶对生，长椭圆形、披针形或线形，纸质，先端钝，基部渐狭至柄，两面被白色长硬毛，近全缘，近无柄。花簇生于叶腋，无梗，偶有假轮生；花冠淡紫色或粉红色，上唇卵状三角形，下唇长圆形。蒴果长椭圆形，干时淡褐色，无毛。花果期9～11月。

生境与分布：水蓑衣常生于河边、溪沟边或洼地等潮湿处。在我国产于广东、广西、云南、海南、台湾、香港、福建等省区；在亚洲其他国家也有分布。

流域分布：樟江、北盘江、桃花江

主要用途：全草入药，可清热解毒、健胃消食、化瘀止痛，主治咽喉炎、乳腺炎、吐血、百日咳、脑膜炎、跌打损伤和毒蛇咬伤等症。

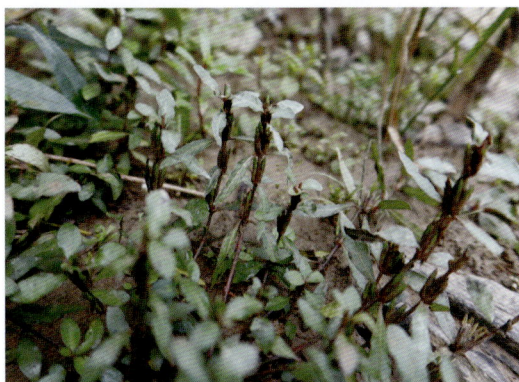

（二十）狸藻科 **Lentibulariaceae**
黄花狸藻 *Utricularia aurea* **Lour.**

分类系统：

类别	名称	拉丁学名
界	植物界	Plantae
门	被子植物门	Angiospermae
纲	双子叶植物纲	Dicotyledoneae
目	管状花目	Tubiflorae
科	狸藻科	Lentibulariaceae
属	狸藻属	*Utricularia*

别名： 狸藻、黄花挖耳草、水上一枝黄花、金鱼茜

生态类群： 沉水植物

形态特征： 一年生草本植物。匍匐枝圆柱形，分枝多。叶器多数，互生，具细刚毛。捕虫囊多数，具短梗，侧生于叶器裂片上，斜卵球形，侧扁；口侧生。花序直立，具 3～10 朵疏离的花；花序梗圆柱状，具 1～4 个鳞片；苞片与鳞片同形，基部耳状；无小苞片。蒴果球形，周裂；种子压扁，具 5～6 角和细小的网状突起，淡褐色。花期6～11月，果期7～12月。

生境与分布： 黄花狸藻生于海拔 50～2680m 的水田、水沟、湖泊、池塘中。在我国产于江苏、安徽、浙江、江西、福建、台湾、湖北、湖南、广东、广西和云南等省区；在印度、尼泊尔、马来西亚、菲律宾、日本也有分布。

流域分布： 桃花江

主要用途： 为优良的观赏水草，全株可供观赏。

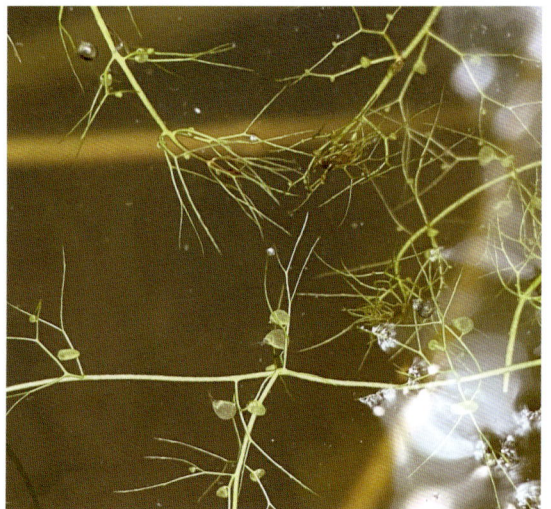

（二十一）藜科 Chenopodiaceae

土荆芥 *Chenopodium ambrosioides*

分类系统：

类别	名称	拉丁学名
界	植物界	Plantae
门	被子植物门	Angiospermae
纲	双子叶植物纲	Dicotyledoneae
目	中央种子目	Centrospermae
科	藜科	Chenopodiaceae
属	藜属	*Chenopodium*

别名：臭草、杀虫芥、香藜草、鹅脚草

生态类群：半湿生植物

形态特征：一年生或多年生草本植物。高50～80cm。茎直立，多分枝，有色条及钝条棱。叶片矩圆状披针形至披针形，边缘具大锯齿，基部渐狭而具短柄，上面无毛，下面沿叶脉稍有毛。花两性及雌性，3～5个团集，生于上部叶腋；花被绿色；雄蕊5枚；柱头丝形，伸出花被外。胞果扁球形；种子横生或斜生，黑色或暗红色。花期8～9月，果期9～10月。

生境与分布：土荆芥生长在沟边、河岸及乡村旁路边。原产自热带美洲，在我国广西、广东、福建、台湾、江苏、浙江、江西、湖南、四川等省区也有分布；广泛分布于全球热带及温带地区。

流域分布：杞麓湖、阳宗海

主要用途：全草入药，有祛风除湿、杀虫止痒功效，可治蛔虫病、钩虫病、蛲虫病、皮肤湿疹。

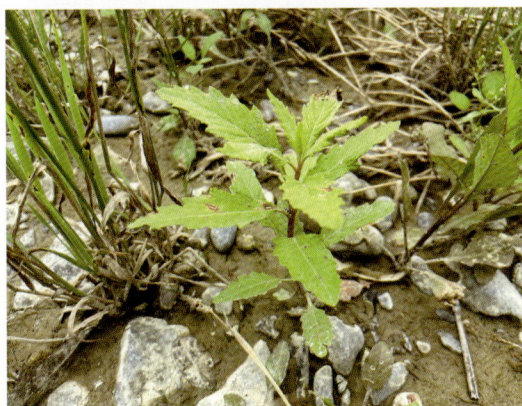

（二十二）蓼科 **Polygonaceae**

阿萨姆蓼 *Polygonum assamicum*

分类系统：

类别	名称	拉丁学名
界	植物界	Plantae
门	被子植物门	Angiospermae
纲	双子叶植物纲	Dicotyledoneae
目	蓼目	Polygonales
科	蓼科	Polygonaceae
属	蓼属	*Polygonum*

生态类群： 湿生植物

形态特征： 一年生草本植物。高 15～30cm。茎上升或外倾。叶椭圆状卵形或宽披针形，顶端急尖，基部宽楔形，上面无毛，下面沿叶脉具短硬伏毛，边缘具缘毛，干后呈蓝绿色。总状花序呈穗状单生或数个组成圆锥状，花稀疏；苞片草质，绿色，苞内 1～3 朵花；花被片椭圆形，红色。瘦果卵形，双凸镜状。花期 6～7 月，果期 8～9 月。

生境与分布： 阿萨姆蓼生于海拔 200～1000m 的水边、山谷湿地。在我国产于云南、贵州、广西、四川；在印度、缅甸也有分布。

流域分布： 桃花江、南溪

萹蓄 *Polygonum aviculare* L.

分类系统:

类别	名称	拉丁学名
界	植物界	Plantae
门	被子植物门	Angiospermae
纲	双子叶植物纲	Dicotyledoneae
目	蓼目	Polygonales
科	蓼科	Polygonaceae
属	蓼属	*Polygonum*

别名: 竹叶草、大蚂蚁草、扁竹

生态类群: 湿生植物

形态特征: 一年生草本植物。株高约 40cm。茎平卧、上升或直立，基部多分枝，具纵棱。叶椭圆形、窄椭圆形或披针形，先端圆或尖，基部楔形，全缘；叶柄短；托叶下部褐色，上部白色。花单生或数朵簇生于叶腋；花被片椭圆形，绿色，边缘白色或淡红色。瘦果卵形，具 3 棱，黑褐色，密被由小点组成的细条纹。花期 5 ～ 7 月，果期 6 ～ 8 月。

生境与分布: 萹蓄生于海拔 10 ～ 4200m 的田边、沟边湿地。产于我国各地；在全球北温带广泛分布。

流域分布: 黔江、浔江、柳江、环江、漓江、蒙江

主要用途: 全草可供药用，有通经利尿、清热解毒功效。还是民间传统野菜，也可作家畜饲料。

二歧蓼 *Polygonum dichotomum*

分类系统:

类别	名称	拉丁学名
界	植物界	Plantae
门	被子植物门	Angiospermae
纲	双子叶植物纲	Dicotyledoneae
目	蓼目	Polygonales
科	蓼科	Polygonaceae
属	蓼属	*Polygonum*

生态类群: 湿生植物

形态特征: 一年生草本植物。茎高40～100cm，直立或上升，具纵棱，疏被倒生皮刺。叶互生，披针形或狭椭圆形，先端急尖，基部楔形、截形或近截形，全缘，上面绿色，下面灰绿色；托叶鞘筒状。头状花序顶生或腋生；花序梗被腺毛，二歧分枝；苞片宽椭圆形，每苞具2～3朵花；花被片宽椭圆形。瘦果近圆形，双凸镜状，褐色。花期6～7月，果期8～10月。

生境与分布: 二歧蓼生于海拔100～1000m的沟边、河边湿地。在我国产于台湾、福建、广东、海南；在日本、印度尼西亚、菲律宾、越南、印度也有分布。

流域分布: 贺江

光蓼 *Polygohum glabrum*

分类系统：

类别	名称	拉丁学名
界	植物界	Plantae
门	被子植物门	Angiospermae
纲	双子叶植物纲	Dicotyledoneae
目	蓼目	Polygonales
科	蓼科	Polygonaceae
属	蓼属	*Polygonum*

生态类群： 湿生植物

形态特征： 一年生草本植物。株高70～100cm。茎直立，分枝少，无毛，节部膨大。叶互生，披针形或长圆状披针形，两面无毛，全缘；叶柄粗壮；托叶鞘筒状，膜质，具数条纵脉，无毛。总状花序顶生或腋生，由数个排列紧密的花序构成圆锥形穗状花序；苞片漏斗状，每苞3～4朵花；花梗粗壮；花被白色或淡红色。瘦果卵形，双凸镜状，黑褐色。花期6～8月，果期7～9月。

生境与分布： 光蓼多生于海拔30～1500m的河岸、湖边、池塘边或沟边湿地。在我国产于广东、广西、湖南、湖北、福建、海南等地；在印度、越南、缅甸、泰国、菲律宾、非洲及美洲也有分布。

流域分布： 南盘江、右江、北盘江

主要用途： 可用于园林绿化。

红蓼 *Polygonum orientale*

分类系统：

类别	名称	拉丁学名
界	植物界	Plantae
门	被子植物门	Angiospermae
纲	双子叶植物纲	Dicotyledoneae
目	蓼目	Polygonales
科	蓼科	Polygonaceae
属	蓼属	*Polygonum*

别名：东方蓼、游龙、荭草、狗尾巴花、阔叶蓼

生态类群：湿生植物

形态特征：一年生草本植物。高 1 ～ 2m。茎粗壮直立，中空，上部多分枝，密被长柔毛。叶片宽卵形、宽椭圆形或卵状披针形，先端渐尖，基部圆形或近心形，全缘，密生缘毛；叶柄长 2 ～ 10cm，密生长柔毛；托叶鞘筒状，具草质、绿色的翅。总状花序，由数个花穗组成圆锥花序，顶生或腋生；花被淡红色或白色。瘦果近圆形，黑褐色。花期 6 ～ 9 月，果期 8 ～ 10 月。

生境与分布：红蓼生于海拔 30 ～ 2700m 的沟边、田埂、河滩湿地。产于除西藏外我国南北各地；在朝鲜、日本、菲律宾、印度和欧洲、大洋洲也有分布。

流域分布：南盘江、融江、柳江

主要用途：果实入药，可活血、止痛、消积、利尿，主治风湿痹痛、跌打损伤、小儿疳积、水肿等症。叶绿花密红艳，可作观赏植物。

火炭母 *Polygonum chinense*

分类系统：

类别	名称	拉丁学名
界	植物界	Plantae
门	被子植物门	Angiospermae
纲	双子叶植物纲	Dicotyledoneae
目	蓼目	Polygonales
科	蓼科	Polygonaceae
属	蓼属	*Polygonum*

别名：胖根藤、火炭星、赤地利、火炭藤、火炭母草、晕药

生态类群：湿生植物

形态特征：多年生草本植物。根状茎粗壮；茎直立，基部近木质，具纵棱，多分枝，无毛。叶互生，卵形或长圆状卵形，先端短渐尖，基部截形或宽心形，全缘，两面无毛；下部叶具叶柄，通常具叶耳，上部叶近无柄或抱茎；托叶鞘膜质，无毛。花序头状，通常数个形成圆锥状花序，顶生或腋生；花被白色或淡红色。瘦果宽卵形，黑色。花期 7～9 月，果期 8～10 月。

生境与分布：火炭母生于海拔 30～2400m 的河边、山谷湿地或山坡草地。在我国产于华南、西南和浙江、江西、安徽、台湾、湖北、湖南等地；在日本、菲律宾、马来西亚、印度、喜马拉雅山也有分布。

流域分布：北盘江、左江、刁江

主要用途：根状茎入药，可清热解毒、散瘀消肿、明止退翳，主治扁桃体炎、感冒咳嗽、角膜云翳、消化不良、乳腺炎、阴道炎、湿疹等症。

铺地火炭母 *Polygonum chinense* var. *procumbens* Z.E.Zhao & J.R.Zhao

分类系统：

类别	名称	拉丁学名
界	植物界	Plantae
门	被子植物门	Angiospermae
纲	双子叶植物纲	Dicotyledoneae
目	蓼目	Polygonales
科	蓼科	Polygonaceae
属	蓼属	*Polygonum*

生态类群： 湿生植物

形态特征： 多年生草本植物。植株直立或半攀援状，高可达1m。茎无毛或近无毛，蜿蜒状。叶薄纸质，卵形或卵状长圆形，先端近尖，基部截形，全缘，两面无毛且常具紫蓝色的色斑；具叶柄；托叶膜质，鞘状斜形。总状花序近头状，聚伞花序呈二歧状排列；苞片膜质，无毛；花萼5裂；花白色，雄蕊8枚；花柱3枚。瘦果幼时三角形，成熟时球形。花果期秋冬。

生境与分布： 铺地火炭母喜生于河边、水沟旁或湿地。在我国产于海南、湖北、云南、广西等地。

流域分布： 南盘江、左江

蓼子草 *Polygonum criopolitanum*

分类系统:

类别	名称	拉丁学名
界	植物界	Plantae
门	被子植物门	Angiospermae
纲	双子叶植物纲	Dicotyledoneae
目	蓼目	Polygonales
科	蓼科	Polygonaceae
属	蓼属	*Polygonum*

别名: 土莲蓬、细叶一枝莲、安心草

生态类群: 湿生植物

形态特征: 一年生草本植物。株高约 15cm。茎平卧,丛生,被平伏长毛及稀疏腺毛。叶窄披针形或披针形,先端尖,基部窄楔形,两面被糙伏毛,边缘具缘毛及腺毛;叶柄极短或近无柄。头状花序顶生,花序梗密被腺毛;苞片卵形;花梗较苞片长,密被腺毛;花被片卵形,淡红色;雄蕊 5 枚,花药紫色。瘦果椭圆形,扁平,双凸镜状。花期 7～11 月,果期 9～12 月。

生境与分布: 蓼子草生于海拔 50～900m 的河滩沙地、沟边湿地。在我国产于河南、陕西、江苏、浙江、安徽、江西、湖南、湖北、福建、广东、广西等省区。

流域分布: 西江、浔江、黔江、红水河、桂江、漓江、柳江、环江、贺江

主要用途: 全草入药,有散寒活血、祛风解表、清热解毒之功效,可治麻疹、羊毛疔、跌损后受寒、阴寒及陈寒等。花粉是蜂群过冬的蜜源。

毛蓼 *Polygonum barbatum*

分类系统：

类别	名称	拉丁学名
界	植物界	Plantae
门	被子植物门	Angiospermae
纲	双子叶植物纲	Dicotyledoneae
目	蓼目	Polygonales
科	蓼科	Polygonaceae
属	蓼属	*Polygonum*

别名： 水辣蓼、毛脉两栖蓼、香草、冉毛蓼、毛辣蓼、细刺毛蓼

生态类群： 湿生植物

形态特征： 多年生草本植物。根状茎横走；茎粗壮直立，高40～90cm，具稀疏短柔毛，不分枝或上部分枝。叶互生，披针形，先端渐尖，基部楔形，被短柔毛；叶柄密生细刚毛；托叶鞘筒状，密被细刚毛。穗状花序顶生或腋生，数个形成圆锥形；花被片椭圆形，白色或淡绿色。瘦果卵形，具3棱，黑色，有光泽。花期8～9月，果期9～10月。

生境与分布： 毛蓼多生于海拔1300m以下的水旁、田边及潮湿地。在我国产于广东、海南、广西、贵州、云南、江西、湖北、湖南、台湾、福建、四川等地；在印度、缅甸、菲律宾亦有分布。

流域分布： 西江、贺江、浔江、桂江、漓江、左江、右江、南盘江、异龙湖

主要用途： 全草或根入药，具抗菌消炎、活血消肿、清热解毒功效，主治外感发热、皮肤病、喉蛾、痈肿、痢疾、跌打损伤、风湿痹痛、麻疹不透等症。

尼泊尔蓼 *Polygonum nepalense*

分类系统:

类别	名称	拉丁学名
界	植物界	Plantae
门	被子植物门	Angiospermae
纲	双子叶植物纲	Dicotyledoneae
目	蓼目	Polygonales
科	蓼科	Polygonaceae
属	蓼属	*Polygonum*

别名:野荞麦、头状蓼、花麦草、小猫眼

生态类群:湿生植物

形态特征:一年生草本植物。茎高20～40cm,外倾或斜上,自基部分枝。叶互生,茎下部叶卵形或三角状卵形,沿叶柄下延成翅,无毛或疏生刺毛;茎上部叶较小;叶柄抱茎;托叶鞘筒状,淡褐色。花序头状,顶生或腋生,基部具1叶状总苞片;花序梗细长;苞片卵状椭圆形,每苞内具1朵花;花被淡紫红色或白色;花药暗紫色。瘦果宽卵形,双凸镜状,黑色。花期5～8月,果期7～10月。

生境与分布:尼泊尔蓼生在海拔200～4000m的山谷路旁、沟边湿地上。在我国分布于除西藏外的南北各地;在朝鲜、日本、俄罗斯、阿富汗、巴基斯坦、印度、尼泊尔、菲律宾、印度尼西亚及非洲也有分布。

流域分布:北盘江、柳江

主要用途:茎、叶柔软,家禽、牲畜喜食,为优质牧草。

水蓼 *Polygonum hydropiper*

分类系统：

类别	名称	拉丁学名
界	植物界	Plantae
门	被子植物门	Angiospermae
纲	双子叶植物纲	Dicotyledoneae
目	蓼目	Polygonales
科	蓼科	Polygonaceae
属	蓼属	*Polygonum*

别名：辣蓼、辛菜、泽蓼、辣柳菜

生态类群：湿生植物

形态特征：一年生草本植物。株高40～70cm。茎直立或下部伏地，紫红色，多分枝，节膨大且具须根。叶互生，椭圆状披针形，先端渐尖，基部楔形，全缘，被褐色小点，无毛或中脉及叶缘具短伏毛；叶柄短；托叶鞘筒状，疏生短缘毛。穗状花序稍下垂，顶生或腋生，花稀疏，下部间断，具3～5朵花；花被淡绿色、白色或淡红色。瘦果卵形，具3棱，黑褐色。花期5～9月，果期6～10月。

生境与分布：水蓼生于海拔50～350m的水中、水边、河滩湿地。产于我国南北各省份；在朝鲜、日本、印度尼西亚、印度、欧洲及北美洲也有分布。

流域分布：西江、红水河、南盘江、贺江、漓江、柳江、郁江、左江、右江、北盘江、抚仙湖

主要用途：全草入药，可消肿解毒、散瘀止血、祛风止痒、行滞化湿，主治湿滞内阻、血滞经闭、风湿痹痛、皮肤瘙痒、脘闷腹痛、外伤出血、跌打损伤、毒蛇咬伤等症。也可用作调味剂或作为湿地绿化植物。

头花蓼 *Polygonum capitatum*

分类系统:

类别	名称	拉丁学名
界	植物界	Plantae
门	被子植物门	Angiospermae
纲	双子叶植物纲	Dicotyledoneae
目	蓼目	Polygonales
科	蓼科	Polygonaceae
属	蓼属	*Polygonum*

别名: 草石椒

生态类群: 湿生植物

形态特征: 多年生草本植物。茎匍匐，丛生，基部木质化，节部生根，多分枝。叶片卵形或椭圆形，全缘，疏生腺毛，上面有时具黑褐色新月形斑点；叶柄短，有时具叶耳；托叶鞘筒状，膜质，有缘毛。花序头状，直单生或成对，顶生；花序梗具腺毛；苞片长卵形；花被淡红色。瘦果长卵形，黑褐色，微有光泽。花期 6～9 月，果期 8～10 月。

生境与分布: 头花蓼生于海拔 600～3500m 的溪边、沟边、河滩及山谷湿地。在我国产于江西、湖南、湖北、四川、贵州、广东、广西、云南及西藏等地。

流域分布: 红水河、柳江、刁江、北盘江、抚仙湖

主要用途: 全草入药，可清热、凉血、利尿，主治尿道感染、肾盂肾炎。为牛、马、羊均喜食的优良牧草之一，也是优良的观花观叶地被植物。

习见蓼 *Polygonum plebeium* R. Br.

分类系统:

类别	名称	拉丁学名
界	植物界	Plantae
门	被子植物门	Angiospermae
纲	双子叶植物纲	Dicotyledoneae
目	蓼目	Polygonales
科	蓼科	Polygonaceae
属	蓼属	*Polygonum*

别名:铁马齿苋、腋花蓼

生态类群:湿生植物

形态特征:一年生草本植物。茎平卧,长10～40cm,基部分枝,具纵棱,沿棱具小突起,小枝节间比叶片短。叶互生,呈狭椭圆形或倒披针形,无毛;叶柄极短或近无柄;托叶鞘膜质,白色,透明。花3～6朵,簇生于全株叶腋;花被绿色,5深裂,背部隆起,边缘白色或淡红色。瘦果宽卵形,3锐棱或双凸镜状,黑褐色,平滑,有光泽。花期5～8月,果期6～9月。

生境与分布:习见蓼生于海拔30～2200m的田边及水边湿地。在我国分布于除西藏外的南北各地;在日本、印度、大洋洲、欧洲及非洲也有分布。

流域分布:浔江、黔江、北盘江、环江、樟江

主要用途:全草入药,有利水通淋、化浊杀虫之功效,可治恶疮、疥癣、淋浊、蛔虫病等症。

小蓼花 *Polygonum muricatum*

分类系统:

类别	名称	拉丁学名
界	植物界	Plantae
门	被子植物门	Angiospermae
纲	双子叶植物纲	Dicotyledoneae
目	蓼目	Polygonales
科	蓼科	Polygonaceae
属	蓼属	*Polygonum*

别名: 小花蓼、有刺水湿蓼、粗糙蓼、匍茎蓼、水湿蓼

生态类群: 湿生植物

形态特征: 一年生草本植物。株高80～100cm。茎上升,多分枝,具纵棱,沿棱疏被倒生皮刺。叶卵形或长圆状卵形,先端渐尖,基部宽截形或近心形,两面疏被星状毛及柔毛,中脉具倒生皮刺,边缘密生缘毛;叶柄疏被倒生皮刺。穗状圆锥花序,花短;花序梗密被柔毛及稀疏腺毛;花被片宽椭圆形,白或淡红色。瘦果卵形,具3棱,黄褐色。花期7～8月,果期9～10月。

生境与分布: 小蓼花生于海拔50～3300m的河谷、溪边、田边及水边湿地。在我国产于华东、华中、华南和吉林、黑龙江、陕西、四川、贵州、云南;在朝鲜、日本、印度、尼泊尔、泰国也有分布。

流域分布: 南盘江、柳江、苍海湖、阳宗海

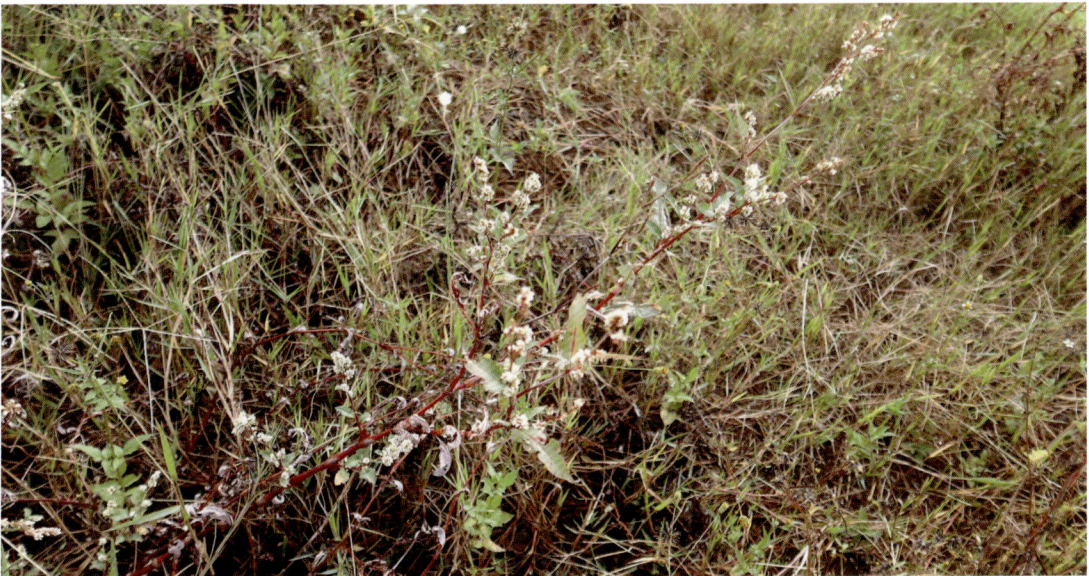

长鬃蓼 *Polygonum longisetum*

分类系统:

类别	名称	拉丁学名
界	植物界	Plantae
门	被子植物门	Angiospermae
纲	双子叶植物纲	Dicotyledoneae
目	蓼目	Polygonales
科	蓼科	Polygonaceae
属	蓼属	*Polygonum*

别名:马蓼

生态类群:湿生植物

形态特征:一年生草本植物。株高30～60cm。茎自基部分枝,直立、上升或基部近平卧,带红色,无毛,节部稍膨大。叶片披针形或宽披针形,无毛或沿叶脉及边缘有毛;叶柄短或近无柄;托叶鞘筒状,疏生柔毛,顶端具缘毛。穗状花序顶生或腋生,细弱,下部花间断,具5～6朵花;花被淡红色或紫红色。瘦果宽卵形,黑色。花期6～8月,果期7～9月。

生境与分布:长鬃蓼生于海拔30～3000m的山谷水边、河边草地、沟边湿地。在我国产于南北各地;在东亚其他国家、东南亚及印度也有分布。

流域分布:红水河、浔江、柳江、桂江、北盘江、贺江、澄江、右江、异龙湖

主要用途:根茎入药,有发汗除湿、消食、杀虫之功效,可治风寒感冒、风寒湿痹、伤食泄泻、肠道寄生虫。

长箭叶蓼 *Polygonum hastatosagittatum*

分类系统：

类别	名称	拉丁学名
界	植物界	Plantae
门	被子植物门	Angiospermae
纲	双子叶植物纲	Dicotyledoneae
目	蓼目	Polygonales
科	蓼科	Polygonaceae
属	蓼属	*Polygonum*

别名：戟叶箭蓼、水浸风

生态类群：湿生植物

形态特征：一年生草本植物。茎高 40～90cm，直立或下部近平卧，具纵棱，棱上具倒皮刺。叶互生，披针形或椭圆形，先端急尖，基部箭形或近戟形，中脉具倒皮刺，边缘具短缘毛；叶柄具倒生皮刺；托叶鞘筒状，具长缘毛。总状花序顶生或腋生，呈短穗状；花序梗二歧状，密被短柔毛及腺毛；苞片宽椭圆形或卵形，每苞内具 2 朵花；花淡红色或白色。花期 8～9 月。

生境与分布：长箭叶蓼生于海拔 50～3200m 的水边、沟边湿地。在我国产于东北、华东、华中、华南及西南等地区；在俄罗斯、朝鲜、日本也有分布。

流域分布：融江、北盘江

主要用途：全草入药，有清热解毒、祛风除湿、活血调经、消肿止痛之功效，可治肠炎、痢疾、乳腺炎、月经不调、风湿性关节炎、痈疮肿毒、毒蛇咬伤、湿疹等。

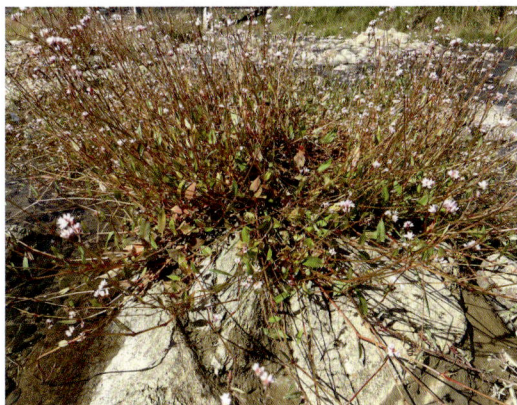

酸模叶蓼 *Polygonum lapathifolium*

分类系统:

类别	名称	拉丁学名
界	植物界	Plantae
门	被子植物门	Angiospermae
纲	双子叶植物纲	Dicotyledoneae
目	蓼目	Polygonales
科	蓼科	Polygonaceae
属	蓼属	*Polygonum*

别名: 大马蓼、旱苗蓼、柳叶蓉、斑蓼

生态类群: 湿生植物

形态特征: 一年生草本植物。植株高 40 ～ 90cm。茎直立,具分枝,节部膨大,具红紫色斑点,无毛。叶互生,披针形至椭圆形,先端渐尖或急尖,基部楔形,叶表面常有黑褐色新月形斑点,全缘,具伏生的粗硬毛;叶柄短;托叶鞘筒状,膜质,淡褐色,无毛。总状花序,通常由数个花穗构成圆锥花序,顶生或腋生;花序梗有腺点;花被淡红色或白色。瘦果宽卵形,黑褐色,具光泽,宿存。花期 6 ～ 8 月,果期 7 ～ 9 月。

生境与分布: 酸模叶蓼生长于海拔 30 ～ 3900m 的池塘、水沟、水田、沼泽、河流或湖泊浅水处。广泛分布于我国南北各省份;在东亚其他国家、菲律宾、南亚及欧洲也有分布。

流域分布: 南盘江、柳江、郁江、右江、北盘江、抚仙湖、异龙湖、杞麓湖、阳宗海、星云湖

主要用途: 是中国农业有害生物信息系统收录的杂草。

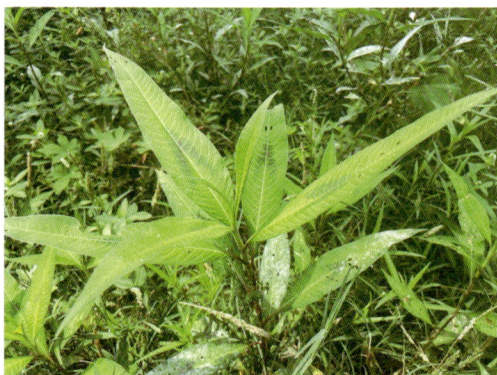

密毛酸模叶蓼 *Polygonum lapathifolium var. lanatum*

分类系统：

类别	名称	拉丁学名
界	植物界	Plantae
门	被子植物门	Angiospermae
纲	双子叶植物纲	Dicotyledoneae
目	蓼目	Polygonales
科	蓼科	Polygonaceae
属	蓼属	*Polygonum*

别名：水红花子

生态类群：湿生植物

形态特征：一年生草本植物。为蓼科蓼属下的植物变种，与原变种的区别在于全植株密被白色绵毛。株高 50 ～ 70cm。茎直立，具分枝，节部膨大。叶披针形或宽披针形，上面常有黑褐色新月形斑点，先端渐尖，密披银色长伏毛。花期 6 ～ 8 月，果期 7 ～ 9 月。

生境与分布：密毛酸模叶蓼常生于海拔 80 ～ 2500m 的田边、沟边、水塘及河床湿地。在我国分布于广东、广西、云南、福建、台湾；在印度、不丹、缅甸及马来西亚也有分布。

流域分布：阳宗海、杞麓湖

主要用途：可作为园林观赏植物用于装点河湖岸边湿地和浅水区，成片配置景观效果更好。

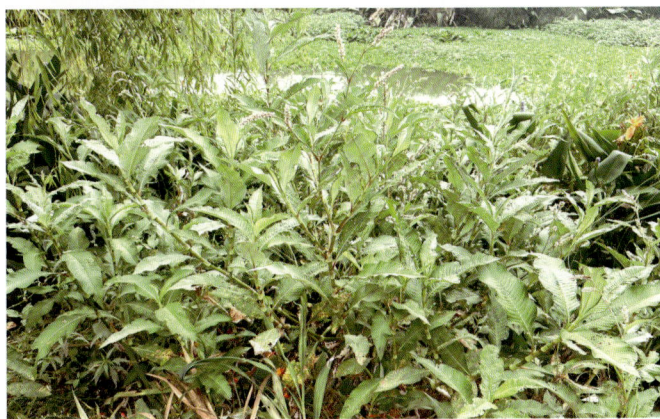

水生酸模 *Rumex aquaticus* L.

分类系统：

类别	名称	拉丁学名
界	植物界	Plantae
门	被子植物门	Angiospermae
纲	双子叶植物纲	Dicotyledoneae
目	蓼目	Polygonales
科	蓼科	Polygonaceae
属	酸模属	*Rumex*

生态类群：湿生植物

形态特征：多年生草本植物。茎高 30～120cm，直立，通常上部分枝，具沟槽。基生叶长圆状卵形或卵形，边缘波状；茎生叶较小，长圆形或宽披针形；叶柄与叶片近等长。花序圆锥状，顶生，多花轮生；花两性；花梗纤细，丝状；外花被片长圆形，内花被片果时增大，卵形。瘦果椭圆形，两端尖，具 3 锐棱，褐色，有光泽。花期 5～6 月，果期 6～7 月。

生境与分布：水生酸模生于海拔 200～3600m 的河岸、水边、池塘、田边、草甸湿地。产于我国各地；在日本、蒙古国、高加索地区、哈萨克斯坦、欧洲也有分布。

流域分布：南盘江、星云湖

主要用途：根茎入药，可治消化不良、急性肝炎及妇科大出血等。也可用于园林造景中的湿地绿化。

酸模 *Rumex acetosa* L.

分类系统：

类别	名称	拉丁学名
界	植物界	Plantae
门	被子植物门	Angiospermae
纲	双子叶植物纲	Dicotyledoneae
目	蓼目	Polygonales
科	蓼科	Polygonaceae
属	酸模属	*Rumex*

别名：遏蓝菜、酸溜溜

生态类群：湿生植物

形态特征：多年生草本植物。株高40～100cm。根为须根。茎直立，具深沟槽，不分枝。基生叶和茎下部叶箭形，全缘或微波状；叶柄长2～10cm；茎上部叶较小，无柄或具短叶柄；托叶鞘膜质，易破裂。花序狭圆锥状，顶生，分枝稀疏；雌雄异株；花梗中部具节。瘦果椭圆形，具3锐棱，黑褐色，有光泽。花期5～7月，果期6～8月。

生境与分布：酸模生于海拔400～4100m的山坡、路旁、林缘、沟边潮湿地。产于我国南北各省份；在朝鲜、日本、高加索地区、哈萨克斯坦、欧洲及美洲也有分布。

流域分布：南盘江、北盘江、杞麓湖、星云湖、抚仙湖

主要用途：全草入药，可凉血消肿、清热解毒，主治吐血、便血等。嫩茎、叶可作蔬菜及饲料。

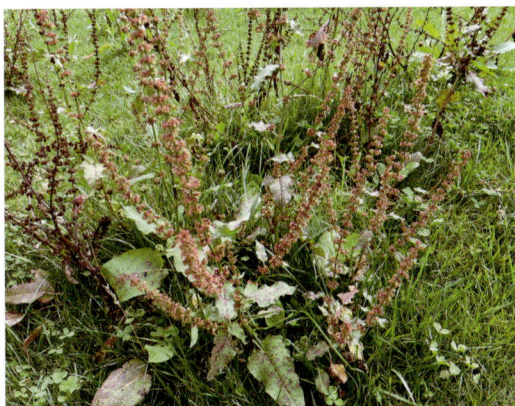

羊蹄 *Rumex japonicus* Houtt.

分类系统:

类别	名称	拉丁学名
界	植物界	Plantae
门	被子植物门	Angiospermae
纲	双子叶植物纲	Dicotyledoneae
目	蓼目	Polygonales
科	蓼科	Polygonaceae
属	酸模属	*Rumex*

别名:洋铁叶、羊蹄酸模

生态类群:湿生植物

形态特征:多年生草本植物。株高50～100cm。根粗大，黄色。茎直立，上部分枝，具沟槽。叶互生，具柄，长圆形或披针状长圆形；基生叶先端急尖，基部圆形至微心形，边缘微波状；茎上部叶狭长圆形；托叶鞘膜质，筒状。圆锥花序顶生，花两性，多花轮生；花被片6枚，内、外轮各3枚，椭圆形，淡绿色。瘦果宽卵形，具3锐棱，暗褐色。花期5～6月，果期6～7月。

生境与分布:羊蹄生于海拔30～3400m的河滩、湖边、沟边湿地。在我国产于东北、华北、华东、华中、华南、四川及贵州；在朝鲜、日本、俄罗斯也有分布。

流域分布:郁江、邕江、桂江、贺江、桃花江、漓江

主要用途:根入药，有清热凉血、杀虫止痒之功效，可治便秘便血、吐血出血、紫癜、慢性肝炎、外痔、急性乳腺炎、黄水疮、疥癣、白秃、痈疮肿毒、跌打损伤等症。

皱叶酸模 *Rumex crispus* L.

分类系统:

类别	名称	拉丁学名
界	植物界	Plantae
门	被子植物门	Angiospermae
纲	双子叶植物纲	Dicotyledoneae
目	蓼目	Polygonales
科	蓼科	Polygonaceae
属	酸模属	*Rumex*

别名: 四季菜根、牛耳大黄、火风棠、羊蹄根、牛舌片

生态类群: 湿生植物

形态特征: 多年生草本植物。株高50~120cm。根粗壮，黄褐色。茎直立，不分枝或上部分枝，具浅沟槽。叶互生，基生叶具长柄，披针形或狭披针形，先端急尖，基部楔形，边缘皱波状；茎生叶较小，具短柄，狭披针形；托叶鞘膜质，筒状。圆锥状总状花序，腋生；花两性，多数；外花被片椭圆形，内花被片宽卵形。瘦果卵形，顶端尖，具3锐棱，褐色。花期6~7月，果期7~8月。

生境与分布: 皱叶酸模生于海拔30~2500m的河滩、沟边湿地。在我国产于东北、华北、西北地区和山东、河南、湖北、四川、贵州、云南等省；在高加索地区、哈萨克斯坦、蒙古国、朝鲜、日本、欧洲及北美洲也有分布。

流域分布: 郁江、右江、星云湖

主要用途: 根入药，有清热解毒、凉血止血、通便、杀虫之功效，可治肝炎、肠炎、支气管炎、疥癣等症。也可供观赏。

尼泊尔酸模　*Rumex nepalensis* Spreng.

分类系统:

类别	名称	拉丁学名
界	植物界	Plantae
门	被子植物门	Angiospermae
纲	双子叶植物纲	Dicotyledoneae
目	蓼目	Polygonales
科	蓼科	Polygonaceae
属	酸模属	*Rumex*

别名: 土大黄

生态类群: 湿生植物

形态特征: 多年生草本植物。株高50～100cm。根粗壮。茎直立,上部分枝,具沟槽,无毛。基生叶长圆状卵形,先端急尖,基部心形,边缘全缘;茎生叶卵状披针形;具叶柄;托叶鞘膜质。花序圆锥状;花两性;花梗中下部具关节;外花被片椭圆形,内花被片宽卵形,基部平截,每侧具7～8刺状齿,顶端呈钩状,部分或全部具小瘤。瘦果卵形,具3锐棱,褐色。花期4～5月,果期6～7月。

生境与分布: 尼泊尔酸模生于海拔1000～4300m的沟边及山谷湿地。在我国产于湖南、湖北、广西、云南、江西、四川、陕西、甘肃、青海及西藏等地;在伊朗、阿富汗、印度、巴基斯坦、尼泊尔、缅甸、越南、印度尼西亚等国也有分布。

流域分布: 右江、柳江

主要用途: 根、叶入药,可止血、止痛,主治肺结核咳血、急性肝炎、痢疾,便秘、功能性子宫出血、痔疮出血、腮腺炎、神经性皮炎。

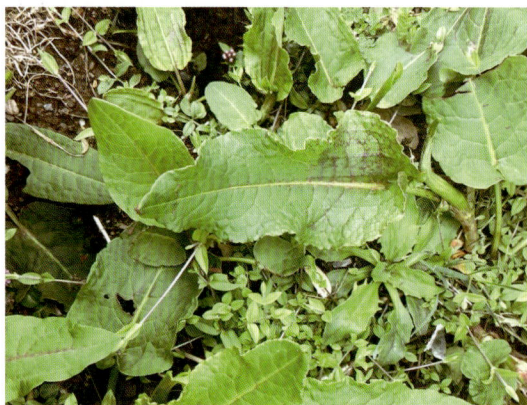

戟叶酸模 *Rumex hastatus* D. Don

分类系统：

类别	名称	拉丁学名
界	植物界	Plantae
门	被子植物门	Angiospermae
纲	双子叶植物纲	Dicotyledoneae
目	蓼目	Polygonales
科	蓼科	Polygonaceae
属	酸模属	*Rumex*

生态类群：湿生植物

形态特征：落叶灌木。株高 50～90cm。老枝木质，暗紫褐色；一年生枝草质，绿色。叶互生或簇生，戟形，近革质；叶柄与叶片等长或比叶片长。花序圆锥状，顶生，分枝稀疏；花梗细弱；花杂性，花被片 6 枚，排列成 2 轮；雄蕊 6 枚；雌花的外花被片椭圆形，内花被片圆形或肾状圆形，先端圆钝或微凹，基部深心形，全缘，淡红色。瘦果卵形，具 3 棱，褐色，有光泽。花期 4～5 月，果期 5～6 月。

生境与分布：戟叶酸模生长在海拔 600～3200m 的河湖岸边水湿处。在我国分布于云南、四川及西藏东南部，在印度、尼泊尔、不丹、巴基斯坦、阿富汗也有分布。

流域分布：抚仙湖

主要用途：全草入药，可润肺止咳、发汗解表、利水消肿，主治感冒、咳嗽、痰喘、水肿等症。其花果鲜紫红色，可供观赏。也是较好的护坡绿化植物。

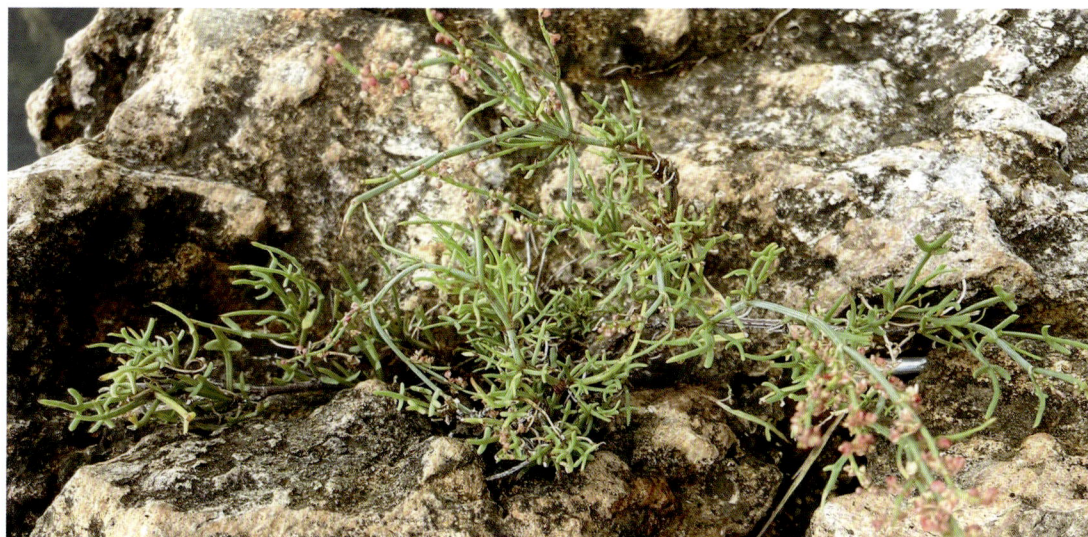

（二十三）菱科 Trapaceae

野菱 *Trapa incisa* var. *quadricaudata*

分类系统:

类别	名称	拉丁学名
界	植物界	Plantae
门	被子植物门	Angiospermae
纲	双子叶植物纲	Dicotyledoneae
目	桃金娘目	Myrtiflorae
科	菱科	Trapaceae
属	菱属	*Trapa*

别名: 小果菱、四角马氏菱、四角刻叶菱

生态类群: 浮叶植物

形态特征: 一年生水生草本植物。根二型，着泥根细铁丝状；同化根，羽状细裂，裂片丝状。叶二型，浮水叶聚生于茎顶，较小，叶片斜方形或三角状菱形，在水面形成莲座状菱盘；沉水叶小，早落。花单生于叶腋；萼片深4裂；花瓣4枚，白色。坚果三角形，刺角细长，肩角刺斜上举，腰角斜下伸；果喙细圆锥形成尖头帽状，无果冠。

生境与分布: 野菱生于水塘或田沟内。在我国产于河南、江苏、安徽、湖北、四川、云南等省；在日本、越南、泰国、老挝亦有分布。

流域分布: 异龙湖

主要用途: 入药可补脾健胃、生津止渴、解毒消肿，主治脾胃虚弱、痢疾、暑热烦渴、饮酒过度、疮肿等症。叶、花可用于观赏。

（二十四）柳叶菜科 **Onagraceae**

丁香蓼 *Ludwigia prostrate* **Roxb.**

分类系统：

类别	名称	拉丁学名
界	植物界	Plantae
门	被子植物门	Angiospermae
纲	双子叶植物纲	Dicotyledoneae
目	桃金娘目	Myrtiflorae
科	柳叶菜科	Onagraceae
属	丁香蓼属	*Ludwigia*

别名：水丁香、田蓼草、水油麻、小石榴树、小疗药

生态类群：湿生植物、挺水植物

形态特征：一年生草本植物。株高 25 ～ 60cm。茎直立，下部圆柱状，上部四棱形，常淡红色，秋后变紫色，无毛，多分枝。叶互生，狭椭圆形，主脉明显，每边侧脉 5 ～ 11 条，两面无毛或幼时脉上有毛，全缘。花腋生，黄色；花瓣 4 ～ 5 枚，匙形；花药扁圆形；柱头近卵状或球状；花盘围以花柱基部，稍隆起，无毛。蒴果四棱形，淡褐色。花期 6 ～ 7 月，果期 8 ～ 9 月。

生境与分布：丁香蓼生于海拔 100 ～ 700m 的水田、水边、河滩湿地。在我国分布于海南、广西、云南等地；在印度、马来半岛、尼泊尔、斯里兰卡、中南半岛、菲律宾、印度尼西亚亦有分布。

流域分布：黔江、柳江、右江

主要用途：全株入药，可清热解毒、化瘀止血、利湿消肿，主治肺热咳嗽、咽喉肿痛、痢疾、目赤肿痛、蛇虫咬伤等病症。其嫩叶可用作猪、牛、羊等牲畜的饲料。

毛草龙 *Ludwigia octovalvis*（Jacq.）Raven

分类系统：

类别	名称	拉丁学名
界	植物界	Plantae
门	被子植物门	Angiospermae
纲	双子叶植物纲	Dicotyledoneae
目	桃金娘目	Myrtiflorae
科	柳叶菜科	Onagraceae
属	丁香蓼属	*Ludwigia*

别名：水丁香、草龙、水秧苗、草里金钗、扫锅草、针筒刺

生态类群：湿生植物

形态特征：多年生亚灌木状草本植物。株高50～200cm。茎基部木质化，粗壮直立，多分枝，稍具纵棱，被黄褐色粗毛。叶片披针形至线状披针形，两面有黄褐色粗毛；叶柄短或无柄；托叶小，或近退化。花单生于叶腋，黄色；萼片卵形；花瓣4枚，倒卵状楔形。蒴果圆柱状，具8条棱，绿色至紫红色，被粗毛；种子离生，近球状或倒卵状。

花期6～8月，果期8～11月。

生境与分布：毛草龙生于海拔750m以下的田边、湖塘边、沟谷及潮湿地。在我国产于华南及云南、江西、浙江、台湾等地；在亚洲其他地区、非洲、大洋洲、南美洲及太平洋岛屿热带与亚热带地区也有分布。

流域分布：西江、黔江、红水河、北盘江、郁江、邕江、柳江、左江、右江

主要用途：全草入药，可清热利湿、解毒消肿，主治感冒发热、咽喉肿痛、小儿疳热、湿热泻痢、疔疮肿毒等病症。

草龙 *Ludwigia hyssopifolia*（G. Don）Exell

分类系统：

类别	名称	拉丁学名
界	植物界	Plantae
门	被子植物门	Angiospermae
纲	双子叶植物纲	Dicotyledoneae
目	桃金娘目	Myrtiflorae
科	柳叶菜科	Onagraceae
属	丁香蓼属	*Ludwigia*

别名：红叶丁香蓼、细叶水丁香、线叶丁香蓼

生态类群：湿生植物、挺水植物

形态特征：一年生草本植物。株高60～200cm。茎基部常木质化，常为三棱形或四棱形，多分枝，幼枝及花序被微柔毛。叶披针形至线形，先端渐狭或锐尖，基部狭楔形，侧脉每侧9～16条，在近边缘不明显环结，下面脉上疏被短毛；托叶三角形，长约1mm，或不存在。花腋生，萼片4枚，卵状披针形，长2～4mm，宽0.5～1.8mm，常有3条纵脉，无毛或被短柔毛。蒴果近无梗，幼时近四棱形，熟时近圆柱状，被微柔毛，果皮薄；种子在蒴果上部每室排成多列，游离生，近椭圆状，两端多少锐尖，淡褐色，表面有纵横条纹，腹面有纵形种脊。花果期几四季。

生境与分布：草龙生于海拔50～750m的田边、水沟、河滩、塘边及湿草地。在我国分布于台湾、广东、香港、海南、广西、云南等省区；在印度、斯里兰卡、缅甸，以及中南半岛经马来半岛至菲律宾、密克罗尼西亚与澳大利亚北部，西达非洲热带地区也有分布。

流域分布：西江、黔江、浔江、红水河、桂江、漓江、柳江、郁江、贺江

主要用途：全草入药，有清热解毒、祛腐生肌之功效，可治感冒、咽喉肿痛、疮疥等症。

水龙 *Ludwigia adscendens*（L.）Hara

分类系统：

类别	名称	拉丁学名
界	植物界	Plantae
门	被子植物门	Angiospermae
纲	双子叶植物纲	Dicotyledoneae
目	桃金娘目	Myrtiflorae
科	柳叶菜科	Onagraceae
属	丁香蓼属	*Ludwigia*

别名：过江藤、猪肥草、玉钗草、过塘蛇

生态类群：漂浮植物

形态特征：多年生草本植物。根状茎横走泥中或浮于水面；茎圆柱形，浮水茎节上常簇生圆柱状或纺锤状白色海绵状贮气的根状浮器，节上生出多数须根；直立茎可高达60cm。叶互生，倒卵形、椭圆形或倒卵状披针形；托叶卵形至心形。花单生于上部叶腋；萼片5枚，三角形至三角状披针形；花瓣倒卵形，乳白色，基部淡黄色。蒴果淡褐色，圆柱状；种子椭圆状，淡褐色。花期5～8月，果期8～11月。

生境与分布：水龙生于海拔100～1500m的水田、池塘或溪沟中。在我国产于华南、云南、江西、湖南等地；在印度、斯里兰卡、孟加拉国、巴基斯坦、中南半岛、马来半岛、印度尼西亚、澳大利亚也有分布。

流域分布：浔江、苍海湖、鲤鱼江、杞麓湖、阳宗海

主要用途：全草入药，有清热解毒、利尿消肿之功效，可治疗感冒发烧、小便不利、麻疹不透、肠炎等症。也可用于水体园林造景或作猪饲料。

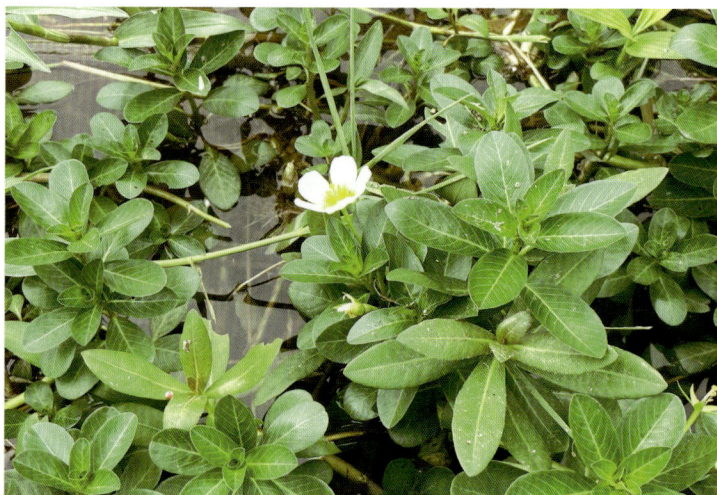

柳叶菜 *Epilobium hirsutum* L.

分类系统：

类别	名称	拉丁学名
界	植物界	Plantae
门	被子植物门	Angiospermae
纲	双子叶植物纲	Dicotyledoneae
目	桃金娘目	Myrtiflorae
科	柳叶菜科	Onagraceae
属	柳叶菜属	*Epilobium*

别名： 鸡脚参、水朝阳花、通经草、水兰花、菜子灵

生态类群： 湿生植物

形态特征： 多年生草本植物。株高 25～250cm。茎圆柱形，中上部多分枝，绿色，入秋变淡红色，疏被白色绵毛。茎生叶对生，茎上部叶互生，草质，无柄，叶片披针状椭圆形至狭倒卵形，边缘具细锯齿，两面被长柔毛。总状花序直立；苞片叶状；花蕾卵状长圆形；子房灰绿色至紫色，密被长柔毛与短腺毛；花瓣常玫瑰红色，或粉红、紫红色，宽倒心形。蒴果线状圆柱形，被柔毛与腺毛；种子倒卵状，深褐色。花期 6～8 月，果期 7～9 月。

生境与分布： 柳叶菜常成片生于海拔 150～3500m 的灌丛、河谷、水边、溪流河床沙地及湖边向阳湿处。广泛分布于我国温带与热带省份；在欧亚大陆其他温带地区与非洲温带地区也广泛分布。

流域分布： 杞麓湖、星云湖、抚仙湖、阳宗海

主要用途： 根或全草入药，有活血止血、消炎止痛、调经止带、祛风除湿、生肌之功效，可治闭经、牙痛、急性结膜炎、咽喉炎、跌打损伤、食滞饱胀等症。嫩叶可凉拌食用。

（二十五）龙胆科 **Gentianaceae**

荇菜 *Nymphoides peltata*

分类系统：

类别	名称	拉丁学名
界	植物界	Plantae
门	被子植物门	Angiospermae
纲	双子叶植物纲	Dicotyledoneae
目	龙胆目	Gentianales
科	龙胆科	Gentianaceae
属	荇菜属	*Nymphoides*

别名：荇菜、金莲儿、藕蔬菜、接余、金莲子、荇公须、水镜草、荇丝菜

生态类群：浮叶植物

形态特征：多年生水生草本植物。茎圆柱形，细长柔软且多分枝，节下生根。叶片卵形或卵圆形，上部叶对生，下部叶互生，叶表面绿色，边缘具紫黑色斑块，背面紫色，基部深裂成心形。花常多数，簇生节上；花冠金黄色，5 裂，分裂至近基部；雄蕊 5 枚，花丝基部疏被长毛；雌蕊柱头 2 裂。蒴果无柄，椭圆形，宿存花柱成熟时不开裂；种子大，褐色，椭圆形。花果期 4～10 月。

生境与分布：荇菜多生于海拔 60～1800m 的池塘或缓流的小河、溪沟、湖泊中。产于我国南北各地；在中欧、俄罗斯、蒙古国、朝鲜、日本、伊朗、印度及克什米尔地区也有分布。

流域分布：星云湖

主要用途：全草入药，有清热利尿、消肿解毒功效，可治疗痈肿疮毒、热淋、小便涩痛等疾病。也是庭园水景绿化的佳品，还可作为一种良好的水生青饲料。

（二十六）马鞭草科 Verbenaceae

过江藤 *Phyla nodiflora*（L.）Greene

分类系统：

类别	名称	拉丁学名
界	植物界	Plantae
门	被子植物门	Angiospermae
纲	双子叶植物纲	Dicotyledoneae
目	管状花目	Tubiflorae
科	马鞭草科	Verbenaceae
属	过江藤属	*Phyla*

别名：过江龙、水黄芹、虾子草、鸭脚板、水马齿苋、苦舌草

生态类群：湿生植物

形态特征：多年生草本植物。木质宿根，多分枝，全株被平伏丁字毛。叶近无柄，匙形、倒卵形至倒披针形，顶端钝或近圆形，基部狭楔形，中部以上具锐锯齿。穗状花序腋生，卵形或圆柱形；苞片宽倒卵形；花萼膜质；花冠白色、粉红色至紫红色；具长花序梗。果淡黄色，藏于膜质的花萼内。花果期 6 ～ 10 月。

生境与分布：过江藤生于海拔 300 ～ 2300m 的山坡、平地、河滩等湿润处。在我国分布于江苏、江西、湖北、湖南、福建、台湾、广东、四川、贵州、云南及西藏等省区；在世界其他热带和亚热带地区也有分布。

流域分布：红水河、阳宗海

主要用途：全草入药，有破瘀生新、通利小便之功效，可治咳嗽、吐血、通淋、痢疾、牙痛、疔毒、枕痛、带状疱疹及跌打损伤等症。也可作为观赏藤蔓栽种。

（二十七）马钱科 **Loganiaceae**

白背枫 *Buddleja asiatica* Lour.

分类系统：

类别	名称	拉丁学名
界	植物界	Plantae
门	被子植物门	Angiospermae
纲	双子叶植物纲	Dicotyledoneae
目	捩花目	Contortae
科	马钱科	Loganiaceae
属	醉鱼草属	*Buddleja*

别名：驳骨丹、白叶枫、狭叶醉鱼草、七里香、驳骨丹醉鱼草、水黄花

生态类群：半湿生植物

形态特征：常绿灌木或小乔木植物。高1～8m。嫩枝条四棱形，老枝条圆柱形。叶对生，叶片狭椭圆形、披针形或长披针形，全缘或有小锯齿，无毛。总状花序，多个小聚伞花序排列成圆锥花序，单生或者3至数个聚生于枝顶或上部叶腋内；花冠管圆筒状，芳香，白色或淡绿色。蒴果椭圆状；种子椭圆形，灰褐色，两端具短翅。花期1～10月，果期3～12月。

生境与分布：多生于海拔200～3000m的沟边、河湖岸边、向阳山坡或疏林缘。在我国产于华南、西南及陕西、江西、台湾、湖北、湖南等地区；在巴基斯坦、巴布亚新几内亚、菲律宾等国家也有分布。

流域分布：樟江、杞麓湖、阳宗海、异龙湖

主要用途：根叶入药，可祛风化湿、行气活络，主治风湿痹痛、腰肌劳损、半身不遂、跌打损伤等。可作为水土保持植物，也可作园林观赏的花木。

（二十八）毛茛科 **Ranunculaceae**

毛茛 *Ranunculus japonicas* Thunb.

分类系统：

类别	名称	拉丁学名
界	植物界	Plantae
门	被子植物门	Angiospermae
纲	双子叶植物纲	Dicotyledoneae
目	毛茛目	Ranales
科	毛茛科	Ranunculaceae
属	毛茛属	*Ranunculus*

别名： 鸭脚板、老虎脚迹、五虎草、野芹菜、毛芹

生态类群： 湿生植物

形态特征： 多年生草本植物。株高 30～70cm。须根簇生。茎中空，直立，具槽和分枝，生有柔毛。基生叶多数；叶片圆心形或五角形，3 深裂不达基部，中裂片 3 浅裂，边缘有粗齿或缺刻，两面贴生柔毛；叶柄长；下部叶与基生叶相似；最上部叶线形，全缘，无柄。聚伞花序有多数花，疏散；花梗长，贴生柔毛；花瓣 5 枚，倒卵状圆形。聚合果近球形；小果为瘦果，扁平，无毛，喙短直或外弯。花果期 4～9 月。

生境与分布： 毛茛常生于海拔 200～2500m 的河岸、田沟旁及林缘阴湿草地。产于我国除西藏外的南北各省份；在朝鲜、日本、俄罗斯也有分布。

流域分布： 浔江、北盘江、杞麓湖

主要用途： 植株可作发泡剂和杀菌剂。捣碎外敷，可截疟、消肿及治疮癣，但皮肤有破损及过敏者禁用，孕妇慎用。

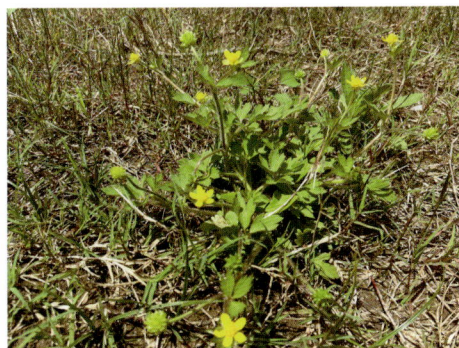

石龙芮　*Ranunculus sceleratus* L.

分类系统:

类别	名称	拉丁学名
界	植物界	Plantae
门	被子植物门	Angiospermae
纲	双子叶植物纲	Dicotyledoneae
目	毛茛目	Ranales
科	毛茛科	Ranunculaceae
属	毛茛属	*Ranunculus*

别名: 鸭巴掌、猫脚迹、黄花菜、黄爪草

生态类群: 湿生植物

形态特征: 一年生草本植物。株高 10～50cm。须根簇生。茎直立,上部多分枝,下部节上生根,具节,无毛或疏生柔毛。基生叶肾状圆形,3 深裂不达基部,裂片再 2～3 裂,有粗圆齿,无毛;叶柄长;下部叶与基生叶相似;上部叶较小,3 全裂,全缘,无毛。聚伞花序有多数花;花瓣 5 枚,倒卵形;花药卵形;花托呈圆柱形,生短柔毛。聚合果长圆形;小果为瘦果,极多数,紧密排列,倒卵球形。花果期 5～8 月。

生境与分布: 石龙芮常生于河沟边、水田边、溪边及平原湿地或水中。分布于我国南北各地;在亚洲其他地区、欧洲、北美洲的亚热带至温带地区亦广泛分布。

流域分布: 北盘江、杞麓湖、星云湖、抚仙湖

主要用途: 全草药用,可清热解毒、消肿散结、止痛、截疟、下瘀血、止霍乱、拔毒,主治痈疖肿毒、风湿寒痹、肾虚目眩、关节肿痛、牙痛、毒蛇咬伤等,但不宜内服,外用需适量。也可作潮湿地地被植物。

（二十九）美人蕉科 **Cannaceae**

粉美人蕉 *Canna glauca* L.

分类系统：

类别	名称	拉丁学名
界	植物界	Plantae
门	被子植物门	Angiospermae
纲	单子叶植物纲	Monocotyledoneae
目	芭蕉目	Scitamineae
科	美人蕉科	Cannaceae
属	美人蕉属	*Canna*

别名：佛罗里达美人蕉、水生美人蕉

生态类群：湿生植物、挺水植物

形态特征：多年生大型草本植物。株高 1.5～2m。根状茎细小，节间延长；茎绿色。叶片披针形，长达 50cm，绿色，被白粉，边绿白色。总状花序疏生，花单生或分叉，略高出叶上；花粉红色；苞片圆形，褐色；萼片卵形，绿色；花冠裂片线状披针形；退化雄蕊3 枚，倒卵状长圆形；发育雄蕊倒卵状近镰形，顶端急尖，内卷；花柱狭披针形。蒴果长圆形。花期夏秋季。

生境与分布：粉美人蕉适宜生长于潮湿及浅水处。原产自南美洲及西印度群岛，在我国南北均有栽培，世界很多地区均引进种植。

流域分布：异龙湖、杞麓湖、星云湖、抚仙湖

主要用途：是一种优良的水生观赏植物。

美人蕉 *Canna indica* L.

分类系统：

类别	名称	拉丁学名
界	植物界	Plantae
门	被子植物门	Angiospermae
纲	单子叶植物纲	Monocotyledoneae
目	芭蕉目	Scitamineae
科	美人蕉科	Cannaceae
属	美人蕉属	*Canna*

别名：蕉芋

生态类群：湿生植物

形态特征：多年生大型草本植物。植株高可达 1.5m，绿色。单叶互生，叶片长卵圆形，长 10～30cm。总状花序疏花，花略高出叶片；花红色或杏黄色，单生；苞片卵形，绿色；萼片 3 枚，披针形，绿色而有时染红；花冠裂片披针形，绿色或红色；外轮退化雄蕊 2～3 枚，鲜红色；发育雄蕊长约 2.5cm；花柱扁平，一半与发育雄蕊的花丝连合。蒴果绿色，长卵形，有软刺。花果期 3～12 月。

生境与分布：美人蕉水陆两生，常被种植于河滩、溪边或水塘湿地。原产自印度，在我国南北各地均有人工引种栽培。

流域分布：贺江、漓江、郁江、北盘江、杞麓湖、星云湖、抚仙湖、异龙湖

主要用途：为常见观赏植物。叶可用于提取芳香油，余后残渣还可作造纸原料。根茎入药，有清热利湿、舒筋活络之功效，可治黄疸肝炎、风湿麻木、跌打损伤、子宫下垂、心气痛等症。

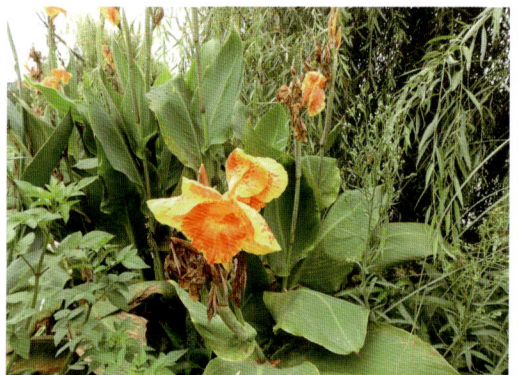

黄花美人蕉 *Canna indica* var. *flava* Roxb.

分类系统:

类别	名称	拉丁学名
界	植物界	Plantae
门	被子植物门	Angiospermae
纲	单子叶植物纲	Monocotyledoneae
目	芭蕉目	Scitamineae
科	美人蕉科	Cannaceae
属	美人蕉属	*Canna*

生态类群: 湿生植物

形态特征: 多年生大型草本植物。植株高 80 ～ 120cm，丛生。具粗壮的肉质根茎，地上茎直立不分枝。叶互生，叶片长卵形；叶柄鞘状。总状花序疏生，花略高出叶片；花黄色，单生；苞片卵形，绿色；萼片 3 枚，披针形；花冠、退化雄蕊淡黄色。蒴果绿色，长卵形，具软刺。花果期 5 ～ 9 月。

生境与分布: 黄花美人蕉水陆两生，适合陆地种植，也可在浅水区域生长。在我国各地均引种栽培；在印度、日本也有栽种。

流域分布: 异龙湖、杞麓湖、星云湖、抚仙湖

主要用途: 为大型水生花卉，是可供观叶观花的优良草本植物。叶片对环境敏感，被誉为监视有害气体污染环境的活监测器，是绿化、美化、净化环境的理想花卉。

紫叶美人蕉　*Canna warscewiezii* A. Dietr.

分类系统:

类别	名称	拉丁学名
界	植物界	Plantae
门	被子植物门	Angiospermae
纲	单子叶植物纲	Monocotyledoneae
目	芭蕉目	Scitamineae
科	美人蕉科	Cannaceae
属	美人蕉属	*Canna*

生态类群: 湿生植物

形态特征: 多年生草本植物。株高约 1.5m，丛生。茎粗壮，紫红色，被蜡质白粉，生有密集叶。叶片卵形或长卵圆形，紫色带暗绿。总状花序超出叶之上；苞片紫色，卵形，被天蓝色粉霜；萼片披针形，紫色；花冠裂片披针形，深红色，外稍染蓝色；退化雄蕊 2 枚，倒披针形，红染紫；唇瓣舌状或线状长圆形，红色；发育雄蕊披针形，浅褐色；子房梨形，深红色，密被小疣状突起；花柱线形。果熟时黑色。花期夏秋季。

生境与分布: 紫叶美人蕉水陆两生，常被种植在河滩、溪边或水塘湿地中。原产地热带美洲、印度、马来半岛等热带地区，在我国南方地区有引种栽培。

流域分布: 杞麓湖、抚仙湖

主要用途: 为水景绿化美化、庭园观赏植物，花叶美丽可供观赏。

金脉美人蕉 *Canna generalis* L.H.Bailey 'Striatus'

分类系统：

类别	名称	拉丁学名
界	植物界	Plantae
门	被子植物门	Angiospermae
纲	单子叶植物纲	Monocotyledoneae
目	芭蕉目	Scitamineae
科	美人蕉科	Cannaceae
属	美人蕉属	*Canna*

别名：花叶美人蕉

生态类群：湿生植物

形态特征：多年生宿根草本植物。植株高 1.5 ～ 2m。根状茎粗壮延长，绿色。叶宽椭圆形或披针形，黄绿相间，长约 50cm，宽 10 ～ 15cm，叶缘具红边，全缘。总状花序，花色橘红；苞片圆形，褐色；萼片卵形，绿色；花冠裂片线状披针形，雄蕊长圆形，淡黄红色；花柱狭披针形。蒴果长圆形。花期为夏季和秋季。

生境与分布：金脉美人蕉水陆两生，为园艺杂交种，常被种植于公园、湿地。分布于南美洲及西印度群岛；在我国南北各地均有栽培。

流域分布：南盘江、郁江、星云湖、异龙湖

主要用途：茎及花入药有清热利湿、安神降压之功效。也可作盆栽观赏，或用于园林绿化。

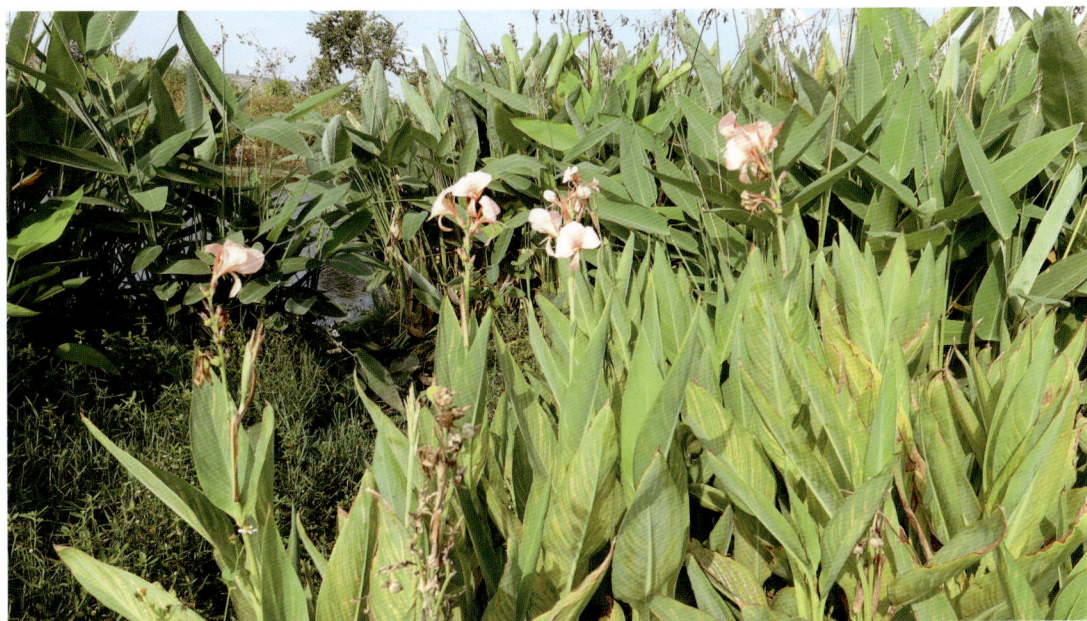

大花美人蕉 *Canna × generalis* L.H.Bailey

分类系统：

类别	名称	拉丁学名
界	植物界	Plantae
门	被子植物门	Angiospermae
纲	单子叶植物纲	Monocotyledoneae
目	芭蕉目	Scitamineae
科	美人蕉科	Cannaceae
属	美人蕉属	*Canna*

生态类群：湿生植物、挺水植物

形态特征：多年生草本植物。根状茎肉质。植株高 0.7～1.5cm，丛生。叶卵状长圆形，互生，顶端短尖至渐尖，基部阔楔形，绿色。总状花序顶生，具苞片，每个苞片内含 1～2 朵花；萼片披针形，离生；花冠裂片长披针形；颜色多种，常见的有红色、黄色、橘红色；子房 3 室，每室胚胎多颗。蒴果球状，表面有小瘤体或软刺。花果期 4～11 月。

生境与分布：大花美人蕉为园艺杂交种，常被种植在河滩、溪边或水塘中。我国近年从国外引种栽培。

流域分布：异龙湖、杞麓湖、星云湖

主要用途：常用于水景绿化美化。也可以作为湿生修复物种。

（三十）千屈菜科 **Lythraceae**

千屈菜 *Lythrum salicaria* L.

分类系统：

类别	名称	拉丁学名
界	植物界	Plantae
门	被子植物门	Angiospermae
纲	双子叶植物纲	Dicotyledoneae
目	桃金娘目	Myrtiflorae
科	千屈菜科	Lythraceae
属	千屈菜属	*Lythrum*

别名：水枝柳、水柳、对叶莲

生态类群：湿生植物、挺水植物

形态特征：多年生草本植物。植株高 30～100cm。根茎粗壮，横卧于地下；茎直立，多分枝，具 4 棱。叶对生或三叶轮生，叶片披针形或阔披针形，全缘，无柄。聚伞花序簇生，因花梗及总梗极短，花枝似大型穗状花序；苞片阔披针形至三角状卵形；花瓣 6 枚，红紫色或淡紫色，倒披针状长椭圆形；雄蕊 12 枚，6 枚长 6 枚短；花柱圆柱状，柱头头状。蒴果扁圆形；种子多数，细小。

花期 6～10 月。

生境与分布：千屈菜常生于浅水岸边、湖畔、溪沟边和潮湿草地。在我国各地均有分布；欧洲和亚洲暖温带地区、非洲的阿尔及利亚、北美洲和澳大利亚东南部亦有分布。

流域分布：南盘江、漓江、郁江、邕江、异龙湖、抚仙湖

主要用途：全草入药，有清热解毒、收敛止血之功效，可治疗痢疾、泄泻、便血、血崩、疮疡溃烂、吐血等症。也是可供观赏的花卉植物。

圆叶节节菜 *Rotala rotundifolia*（**Buch. -Ham. ex Roxb.**）**Koehne**

分类系统：

类别	名称	拉丁学名
界	植物界	Plantae
门	被子植物门	Angiospermae
纲	双子叶植物纲	Dicotyledoneae
目	桃金娘目	Myrtiflorae
科	千屈菜科	Lythraceae
属	节节菜属	*Rotala*

别名：指甲叶、禾虾菜、猪肥菜、水豆瓣、水瓜子

生态类群：湿生植物、挺水植物

形态特征：一年生草本植物。植株高 5 ～ 30cm，带紫红色。根茎下部伏地，生根，常成丛；茎单一或稍分枝，直立，丛生。叶对生，近圆形、阔倒卵形或阔椭圆形。花单生，极小，组成顶生稠密的穗状花序；苞片叶状，卵形或卵状矩圆形，约与花等长，小苞片 2 枚，膜质，钻形，约与萼筒等长；花瓣 4 枚，倒卵形，淡紫色。蒴果椭圆形。花果期 12 月至次年 6 月。

生境与分布：圆叶节节菜常生于水田或湿地。产于我国长江以南各省份，在华南地区极为常见；在印度、马来西亚、斯里兰卡、中南半岛及日本也有分布。

流域分布：红水河、抚仙湖

主要用途：全草入药，有清热解毒、健脾利湿、消肿之功效，可治肺热咳嗽、痢疾、小便淋痛、痈疖肿毒等症。也可作为园林湿地绿化植物。

节节菜 *Rotala indica*（**Willd.**）**Koehne**

分类系统：

类别	名称	拉丁学名
界	植物界	Plantae
门	被子植物门	Angiospermae
纲	双子叶植物纲	Dicotyledoneae
目	桃金娘目	Myrtiflorae
科	千屈菜科	Lythraceae
属	节节菜属	*Rotala*

别名：水马兰、节节草、碌耳草、水马齿苋

生态类群：湿生植物、挺水植物

形态特征：一年生草本植物。株高6～35cm。茎略呈四棱形，偏紫红色，基部匍匐，着生不定根，上部披散或近直立。叶对生，倒卵状椭圆形或矩圆状倒卵形，先端近圆形或钝形而有小尖头，基部楔形或渐狭，边缘软骨质。穗状花序腋生；花小，有数朵花；苞片叶状，矩圆状倒卵形；花瓣4枚，倒卵形，淡红色。蒴果椭圆形，稍有棱，常2瓣裂；种子极小，狭卵形，褐色。花期9～10月，果期10月至次年4月。

生境与分布：节节菜常生于水田、河或湖滩浅水处及沼泽湿地。在我国分布于广东、广西、贵州、云南、湖南、湖北、江苏、江西、福建、浙江、安徽、陕西、四川等省区；在印度、斯里兰卡、印度尼西亚、菲律宾、中南半岛、日本至俄罗斯亦有分布。

流域分布：黔江、浔江、柳江、郁江、贺江、桂江

主要用途：全草入药，有清热解毒、止泻之功效，可治小儿泄泻、疮疤肿毒等病症。嫩苗也可食用。

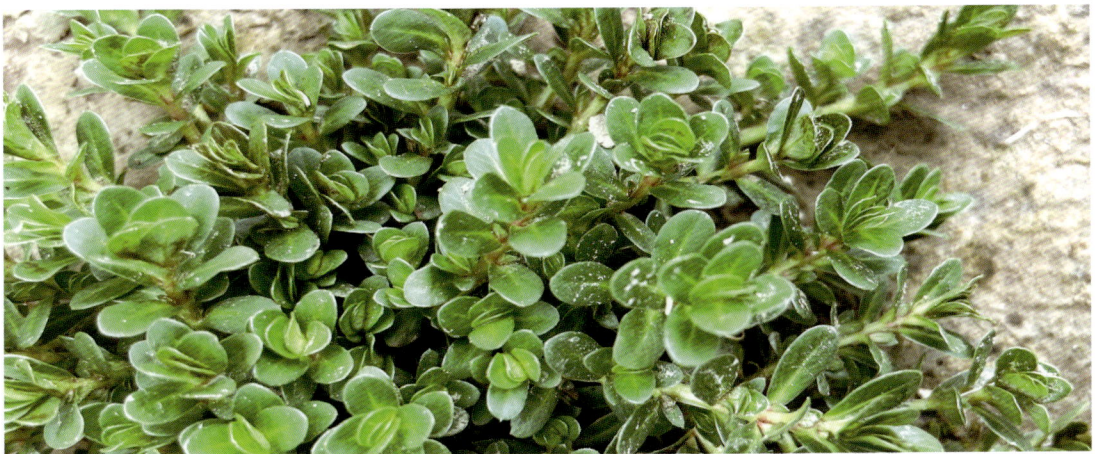

水苋菜 *Ammannia baccifera* L.

分类系统：

类别	名称	拉丁学名
界	植物界	Plantae
门	被子植物门	Angiospermae
纲	双子叶植物纲	Dicotyledoneae
目	桃金娘目	Myrtiflorae
科	千屈菜科	Lythraceae
属	水苋菜属	*Ammannia*

别名：浆果水苋、细叶水苋

生态类群：湿生植物、挺水植物

形态特征：一年生草本植物。植株高 10～50cm。茎直立，略呈四棱形，多分枝。叶对生，长椭圆形、矩圆形或披针形。聚伞花序腋生，有密集的花，几无总花梗；花极小，绿色或淡紫色；花萼钟形；裂片 4 枚，正三角形，短于萼筒；通常无花瓣；子房球形，花柱极短或无花柱。蒴果球形，紫红色；种子极小，近三角形，黑色。花期 8～10 月，果期 9～12 月。

生境与分布：水苋菜常生于潮湿浅水处或水田中。在我国产于广东、广西、湖南、湖北、福建、台湾、浙江、江苏、安徽、江西、河北、陕西、云南等省区；在越南、印度、阿富汗、菲律宾、马来西亚、澳大利亚及非洲热带地区也有分布。

流域分布：西江、浔江、黔江、柳江、贺江、樟江

主要用途：全草入药，可散瘀止血、除湿解毒，主治跌打损伤、内外伤出血、骨折、风湿痹痛、蛇咬伤、痈疮肿毒、疥癣。也可作为园林湿地绿化植物。

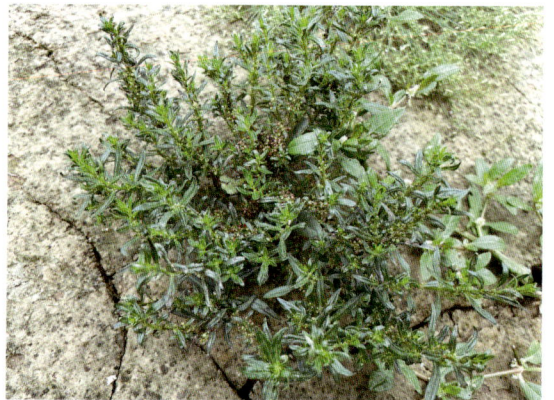

（三十一）茜草科 **Rubiaceae**

白花蛇舌草 *Scleromitrion diffusum*（**Willd.**）**R. J. Wang**

分类系统：

类别	名称	拉丁学名
界	植物界	Plantae
门	被子植物门	Angiospermae
纲	双子叶植物纲	Dicotyledoneae
目	茜草目	Rubiales
科	茜草科	Rubiaceae
属	蛇舌草属	*Scleromitrion*

别名： 蛇总管、地不榴、蛇箭草、蛇舌仔、蛇利草、羊须草

生态类群： 湿生植物

形态特征： 一年生披散草本植物。株高 15～50cm。根细长，分枝。茎略带方形或扁圆柱形，光滑无毛，从基部发出多分枝。叶对生，线形，先端短尖，边缘干后常背卷，上面中脉凹下，侧脉不明显，无柄；托叶基部合生，先端芒尖。花单生或成对生于叶腋，常具短而略粗的花梗；花冠白色。蒴果扁球形，室背开裂；种子细小，具3棱，深褐色。花期夏秋季。

生境与分布： 白花蛇舌草生于低海拔处的水田、田埂和湿润地。在我国分布于广东、香港、广西、海南、安徽、云南等省区；在热带亚洲西至尼泊尔、东至日本均有分布。

流域分布： 浔江、苍海湖

主要用途： 全草入药，有清热解毒、消痛散结、利尿除湿之功效，可治恶性肿瘤、肠痛、咽喉肿痛、小便不利、疮疖肿毒、毒蛇咬伤、各种炎症、肺热喘咳、热淋涩痛、水肿、痢疾、肠炎、湿热黄疸、多种癌肿。

细叶水团花 *Adina rubella* Hance

分类系统：

类别	名称	拉丁学名
界	植物界	Plantae
门	被子植物门	Angiospermae
纲	双子叶植物纲	Dicotyledoneae
目	茜草目	Rubiales
科	茜草科	Rubiaceae
属	水团花属	*Adina*

别名：水杨梅、水杨柳

生态类群：湿生植物

形态特征：落叶小灌木。株高 1 ～ 3m。茎圆柱形，有分枝，枝条细长，嫩枝具赤褐色微毛，后无毛；顶芽不明显，被开展的托叶包裹。叶对生，近无柄，卵状披针形或卵状椭圆形，全缘。头状花序顶生或兼有腋生，总花梗略被柔毛；小苞片线形或线状棒形；花萼管疏被短柔毛，萼裂片匙形或匙状棒形；花冠裂片三角状，淡紫红色。果序圆球形，棕黄色；小蒴果长卵状楔形，淡黄色；种子棕色，外被毛，长椭圆形。花果期 5 ～ 12 月。

生境与分布：细叶水团花生于溪边、河边、沙滩、河谷滨水等湿润地区。在我国分布于广东、广西、福建、江苏、浙江、湖南、江西和陕西等省区；亦分布于朝鲜。

流域分布：红水河、浔江、桂江、漓江、柳江

主要用途：地上部分及根入药，可清热利湿、散瘀止痛、解毒消肿，主治湿热泄泻、疮疖肿毒、风火牙痛、感冒发热、风湿疼痛、跌打损伤等。为湖滨绿化的优良树种，可作布景植物。

（三十二）茄科 **Solanaceae**

水茄 *Solanum torvum* SW.

分类系统:

类别	名称	拉丁学名
界	植物界	Plantae
门	被子植物门	Angiospermae
纲	双子叶植物纲	Dicotyledoneae
目	管状花目	Tubiflorae
科	茄科	Solanaceae
属	茄属	*Solanum*

别名:刺番茄、天茄子、木哈蒿、乌凉、青茄、刺茄、野茄子、山颠茄

生态类群:湿生植物

形态特征:灌木。株高 2 ～ 3m。小枝疏具基部扁的皮刺,尖端稍弯。叶单生或双生,卵形或椭圆形,先端尖,基部心形或楔形,两侧不等,半裂或波状,下面中脉少刺或无刺;叶柄具 1 ～ 2 刺或无刺。伞房花序腋外生,2 ～ 3 歧,毛被厚;花梗被腺毛及星状毛,具 1 细直刺或无。浆果黄色,圆球形,宿萼外面被稀疏的星状毛;种子盘状。全年均开花结果。

生境与分布:水茄生于热带地区海拔 200 ～ 1650m 的沟谷、河边、村旁等潮湿地方。在我国产于云南、广西、广东、台湾;也广泛分布于热带地区的印度、缅甸、泰国、菲律宾、马来西亚及美洲。

流域分布:红水河、柳江、洛清江、环江

主要用途:以根入药,有散瘀消肿、通经止痛、止咳之功效,可治腰肌劳损、咳血等症。嫩果煮熟可作蔬食。

（三十三）三白草科 Saururaceae

蕺菜 *Houttuynia cordata* Thunb.

分类系统:

类别	名称	拉丁学名
界	植物界	Plantae
门	被子植物门	Angiospermae
纲	双子叶植物纲	Dicotyledoneae
目	胡椒目	Piperales
科	三白草科	Saururaceae
属	蕺菜属	*Houttuynia*

别名: 鱼腥草、折耳根、狗贴耳、截儿根、岑草、野花麦、猪鼻拱

生态类群: 湿生植物

形态特征: 多年生草本植物。植株高 30～60cm，有腥味。茎上部直立，下部匍匐生长，节上轮生小根，有时带紫红色。叶互生，薄纸质，卵形或阔卵形，叶片背面常呈紫红色；叶脉 5～7 条；具叶柄，无毛；托叶膜质，略抱茎。穗状花序，总苞片 4 枚，花瓣状，白色；雄蕊 3 枚；雌蕊由 3 个合生心皮所组成。蒴果近球形，具宿存花柱；种子多数，卵形。花期 4～7 月，果期 10～11 月。

生境与分布: 蕺菜常生于沟边、溪边、林下、路旁、庭园、山涧边等较阴湿处。产于我国中部、东南至西南部各省份，在亚洲东部其他地区亦广泛分布。

流域分布: 西江、都柳江

主要用途: 全株入药，可抗菌消炎、清热解毒、提高机体免疫力，常用于治疗上呼吸道感染、流感、肺热喘咳、急性黄疸型肝炎、流行性腮腺炎、湿疹。嫩根茎可食，常作蔬菜或调味品。

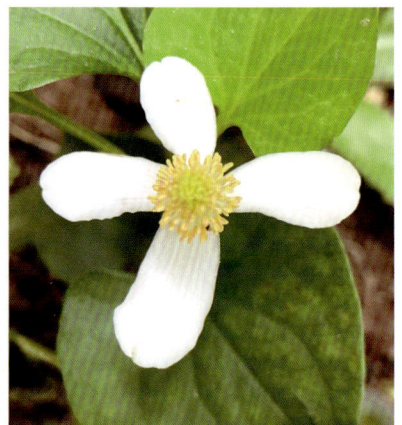

（三十四）伞形科 **Umbelliferae**

南美天胡荽 *Hydrocotyle verticillata* **Thunb.**

分类系统:

类别	名称	拉丁学名
界	植物界	Plantae
门	被子植物门	Angiospermae
纲	双子叶植物纲	Dicotyledoneae
目	伞形目	Umbelliflorae
科	伞形科	Umbelliferae
属	天胡荽属	*Hydrocotyle*

别名: 钱币草、香菇草、铜钱草

生态类群: 湿生植物、挺水植物

形态特征: 多年生草本植物。植株高 10 ～ 45cm。根状茎发达，节上生根，具蔓生性。叶互生，草绿色，圆盾形，叶片形似香菇，叶缘具波状圆锯齿，长叶柄。伞形花序，10 ～ 50 朵小花排列成总状花序；花两性，白色；花瓣 5 枚；雄蕊 5 枚，雌蕊 2 枚；子房下位，2 室。果为分果，扁圆形。花期 6 ～ 8 月。

生境与分布: 南美天胡荽耐阴耐湿稍耐旱，常生长在水体岸边湿地。原产自北美洲南部，我国引种做观赏植物栽培，现蔓延至很多湿地沿岸地区；也分布于欧洲、北美洲、非洲。

流域分布: 右江、异龙湖、星云湖、抚仙湖

主要用途: 可供观赏，是庭院水景造景、湿地绿化的装饰植物，但其侵占性强，湿地造景时须谨慎。

萤蔺 *Scirpus juncoides*（Roxb.）Lye

分类系统:

类别	名称	拉丁学名
界	植物界	Plantae
门	被子植物门	Angiospermae
纲	单子叶植物纲	Monocotyledoneae
目	莎草目	Cyperales
科	莎草科	Cyperaceae
属	藨草属	*Scirpus*

生态类群: 湿生植物、挺水植物

形态特征: 多年生草本植物。根状茎短,须根多。秆丛生,高 20～50cm,直立,圆柱状,平滑,较细瘦。无叶片,仅秆基部具 2～3 个叶鞘。苞片 1 枚,为秆的延长,直立;小穗卵形或长圆状卵形,2～15 枚假侧生聚成头状,棕色或淡棕色,多花;鳞片宽卵形或卵形,背面绿色,具 1 条中肋,两侧棕色或具深棕色条纹。小坚果平凸状宽倒卵形或倒卵形,黑褐色,具光泽。花果期 8～11 月。

生境与分布: 萤蔺生于海拔 300～2000m 的溪沟、池塘、水田等浅水湿地或沼泽中。在我国除内蒙古、甘肃、西藏外的各省份均有分布;在全球亚洲热带和亚热带地区及大洋洲、北美洲均有分布。

流域分布: 星云湖

主要用途: 为造纸及草编材料。药用具清热解毒、凉血利尿、止咳明目之功效。

透明鳞荸荠 *Eleocharis pellucida* J. Presl & C. Presl

分类系统：

类别	名称	拉丁学名
界	植物界	Plantae
门	被子植物门	Angiospermae
纲	单子叶植物纲	Monocotyledoneae
目	莎草目	Cyperales
科	莎草科	Cyperaceae
属	荸荠属	*Eleocharis*

生态类群：湿生植物、挺水植物

形态特征：多年生草本植物。无根状茎。秆丛生，细弱，圆柱形，高 5～30cm。秆基部有 2 个叶鞘，叶缺如，长鞘下部紫红色，上部绿色，鞘口平，顶端具三角形小齿。小穗呈披针形或长圆状卵形，苍白色，有密生少数至多数花；小穗基部鳞片长圆形或近长圆形，顶端钝，淡锈色，中脉 1 条，淡绿色，边缘干膜质；柱头有 3 枚。小坚果倒卵形，三棱状，淡黄色或橄榄绿色；花柱基金字塔形，顶端渐尖。花果期在 4～11 月。

生境与分布：透明鳞荸荠生于海拔 500～700m 的水塘、水田、沟边或湖边湿地。在除西北外的我国各省份都有分布；在朝鲜、日本、印度、越南、印度尼西亚及俄罗斯亦有分布。

流域分布：抚仙湖

主要用途：可用于水体、湿地绿化。

牛毛毡 *Eleocharis yokoscensis*（Franchet & Savatier）Tang & F. T. Wang

分类系统：

类别	名称	拉丁学名
界	植物界	Plantae
门	被子植物门	Angiospermae
纲	单子叶植物纲	Monocotyledoneae
目	莎草目	Cyperales
科	莎草科	Cyperaceae
属	荸荠属	*Eleocharis*

别名：牛毛草、绒毛头、松毛蔺

生态类群：湿生植物、挺水植物

形态特征：一年生草本植物。株高2～12cm。匍匐根状茎，极细。秆细密丛生，绿色，节上生须根和枝。叶退化，鳞片状，叶鞘微红色，管状，膜质。小穗卵形，前端钝，淡紫色；上部的鳞片螺旋状排列，下部鳞片卵形，背部淡绿色，两侧紫色；雄蕊3枚；柱头3；花柱基细小圆锥形。小坚果狭长圆形，呈浑圆状，顶端缢缩，微黄白色。花果期在4～11月。

生境与分布：牛毛毡多生于水田中、池塘边、河滩地、渠岸或湿黏土中。遍布我国各地；在俄罗斯、朝鲜、印度、缅甸和越南也有分布。

流域分布：抚仙湖、黔江

主要用途：全草入药，有发散风寒、祛痰平喘之功效，可治疗感冒咳嗽、胸腹烦闷。也可作地被植物。

球穗扁莎 *Pycreus flavidus*

分类系统：

类别	名称	拉丁学名
界	植物界	Plantae
门	被子植物门	Angiospermae
纲	单子叶植物纲	Monocotyledoneae
目	莎草目	Cyperales
科	莎草科	Cyperaceae
属	扁莎属	*Pycreus*

别名： 球穗莎草

生态类群： 湿生植物

形态特征： 一年生草本植物。根状茎短，具须根。秆丛生，细弱，高 7 ~ 50cm，钝三棱形。叶短于秆，较少；叶鞘较长，下部红棕色。苞片细长叶状，2 ~ 4 枚；长侧枝聚散花序具 1 ~ 6 个辐射枝，辐射枝上小穗呈球形、线状长圆形或线形，具花 12 ~ 34 朵；小穗轴近四棱形；鳞片膜质，长圆状卵形，顶端钝，背面具龙骨状突起，绿色；雄蕊长圆形；花柱中等长。小坚果倒卵形，双凸状，褐色或暗褐色，表面具突起的细点。花果期 6 ~ 11 月。

生境与分布： 球穗扁莎生于田边、溪沟旁等水边湿地。在我国产于东北、华南、西南、山西、河北等地区；亦分布于东亚其他地区、东南亚、印度至大洋洲、欧洲南部、热带非洲。

流域分布： 北盘江、异龙湖、阳宗海、抚仙湖

主要用途： 为一种田间杂草。

宽穗扁莎 *Pycreus diaphanus*

分类系统：

类别	名称	拉丁学名
界	植物界	Plantae
门	被子植物门	Angiospermae
纲	单子叶植物纲	Monocotyledoneae
目	莎草目	Cyperales
科	莎草科	Cyperaceae
属	扁莎属	*Pycreus*

生态类群：湿生植物

形态特征：一年生草本植物。具须根。秆高 10～35cm，钝三棱形，丛生。叶少，短于秆，顶端边缘具细刺。苞片叶状，2～4 枚，长于花序；简单长侧枝聚伞花序，具 2～4 个辐射枝，上端具 3～6 枚小穗，展开呈披针形；小穗轴无翅；鳞片膜质，宽卵形，顶端钝，背面具龙骨状突起，绿色；雄蕊花药长圆形；花柱中等长。小坚果宽倒卵形，双凸状，灰黑色，表面具横的波纹。花果期 9～10 月。

生境与分布：宽穗扁莎生于海拔 650～1900m 的湖边湿地、山坡草甸及潮湿地。在我国产于云南、湖南、海南；在印度、尼泊尔也有分布。

流域分布：阳宗海

主要用途：为田野杂草。

扁穗莎草　*Cyperus compressus* L.

分类系统：

类别	名称	拉丁学名
界	植物界	Plantae
门	被子植物门	Angiospermae
纲	单子叶植物纲	Monocotyledoneae
目	莎草目	Cyperales
科	莎草科	Cyperaceae
属	莎草属	*Cyperus*

别名：莎田草

生态类群：湿生植物、挺水植物

形态特征：一年生草本植物。植株高 5 ～ 25cm，丛生。具须根。秆纤细，锐三棱形。基部叶较多，短于秆，或与秆等长，绿色；叶鞘紫褐色。叶状苞片 3 ～ 5 枚，长于花序；聚伞花序近头状，顶生，辐射枝 2 ～ 7 个；花序轴短，具 3 ～ 10 枚小穗；小穗排列紧密，线状披针形，8 ～ 20 朵花；鳞片复瓦状排列，先端长芒，中间绿色，两侧苍白色或麦秆色；雄蕊 3 枚；柱头 3 枚，较短。小坚果倒卵形或三棱形，深棕色。花果期 7 ～ 12 月。

生境与分布：扁穗莎草生长在水田、水沟、沼泽地或空旷的田野湿地里。在我国分布于华南及贵州、江苏、浙江、安徽、江西、湖南、湖北、四川、台湾等地；在喜马拉雅山，以及印度、越南、日本也有分布。

流域分布：郁江、北盘江、阳宗海、星云湖、抚仙湖

主要用途：全草药用，具有养心、调经行气之功效，外用可治跌打损伤。

风车草 *Cyperus involucratus*

分类系统:

类别	名称	拉丁学名
界	植物界	Plantae
门	被子植物门	Angiospermae
纲	单子叶植物纲	Monocotyledoneae
目	莎草目	Cyperales
科	莎草科	Cyperaceae
属	莎草属	*Cyperus*

别名：旱伞草、台湾竹、伞草、水竹

生态类群：湿生植物、挺水植物

形态特征：多年生草本植物。植株高 30～150cm。根状茎短粗，须根坚硬；茎粗壮，丛生，近圆柱状。叶簇生，线形，顶生为伞状。叶状苞片 20 枚，等长；聚伞花序多次复出，具多数第一次辐射枝，第一次辐射枝具 4～10 个第二次辐射枝；小穗多数，椭圆形或长圆状披针形，密集于第二次辐射枝顶端，具 6～26 朵花；鳞片呈紧密的复瓦状排列，苍白色或黄褐色。小坚果椭圆形，近三棱形，褐色。花果期 8～11 月。

生境与分布：风车草常生于湖、塘、河流边缘的沼泽湿地中。原产自非洲，在我国南北各省份均有栽培。

流域分布：柳江、郁江、左江、右江、异龙湖、阳宗海、星云湖、抚仙湖

主要用途：为园林水体造景常用的观叶植物。也可用于人工湿地系统的污水处理。

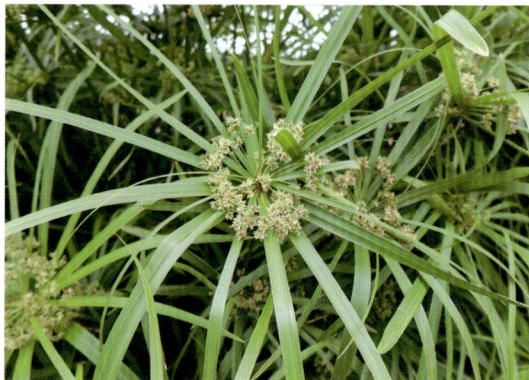

高秆莎草 *Cyperus exaltatus* Retz.

分类系统：

类别	名称	拉丁学名
界	植物界	Plantae
门	被子植物门	Angiospermae
纲	单子叶植物纲	Monocotyledoneae
目	莎草目	Cyperales
科	莎草科	Cyperaceae
属	莎草属	*Cyperus*

别名：紫鞘莎草

生态类群：湿生植物、挺水植物

形态特征：多年生草本植物。植株高 100～150cm。根状茎短，须根多；茎粗壮直立，钝三棱柱形。叶基生，与茎等长；叶鞘长，紫褐色。叶状苞片 3～6 枚，有 1～2 枚长于花序；聚伞花序复出，具 5～10 个不等长的辐射枝；穗状花序具柄，圆柱状，具多数小穗；鳞片黄棕色；小穗 2 列，排列疏松，有时紧密，有花 8～20 朵；雄蕊 3 枚；柱头 3 枚。小坚果倒卵形或椭圆形，三棱状，光滑。花果期 6～10 月。

生境与分布：高秆莎草生长于湖泊、溪沟、河漫滩、沼泽等阴湿浅水处。在我国广东、广西、福建、贵州、湖南、湖北、江苏、安徽、海南等省区都有分布。

流域分布：西江、浔江、南盘江、贺江、桂江、漓江、柳江、右江

主要用途：植株挺拔，可供观赏。

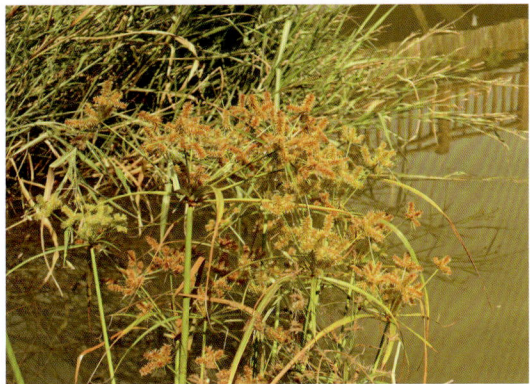

密穗莎草 *Cyperus eragrostis* Lam.

分类系统：

类别	名称	拉丁学名
界	植物界	Plantae
门	被子植物门	Angiospermae
纲	单子叶植物纲	Monocotyledoneae
目	莎草目	Cyperales
科	莎草科	Cyperaceae
属	莎草属	*Cyperus*

生态类群：湿生植物

形态特征：一年生草本植物。植株高 10～50cm。秆丛生，钝三棱形，平滑无毛。叶片条形，扁平。长侧枝聚伞花序简单，少数复出；小穗椭圆状披针形或条形，呈指状排列或成簇地着生于辐射枝顶端极短缩的花序轴上。小坚果倒卵状椭圆形或三棱状椭圆形。花果期6～10月。

生境与分布：密穗莎草生长在潮湿处或沼泽地里。原产自南美洲，在我国分布于广东、广西、云南、海南及台湾等地。

流域分布：黔江、浔江、桂江、贺江

主要用途：具有水土保持作用。也可用作园林造景。

碎米莎草 *Cyperus iria* L.

分类系统：

类别	名称	拉丁学名
界	植物界	Plantae
门	被子植物门	Angiospermae
纲	单子叶植物纲	Monocotyledoneae
目	莎草目	Cyperales
科	莎草科	Cyperaceae
属	莎草属	*Cyperus*

生态类群： 湿地植物

形态特征： 一年生草本植物。须根多。植株高 8～85cm，丛生。秆细弱或稍粗壮，扁三棱形。叶片长线形，基生叶少，短于秆；叶鞘红棕色。叶状苞片 3～5 枚，有 2～3 枚长于花序；聚伞花序复出，极少单生，具 4～9 个辐射枝，每个辐射枝具 5～10 个或更多穗状花序；穗状花序具 5～22 枚小穗；小穗长圆形、披针形或线状披针形，排列松散，斜展，具 6～22 朵花。小坚果倒卵形或椭圆形、三棱形，褐色。花果期 6～10 月。

生境与分布： 碎米莎草生长于田间、水边潮湿处及山坡、路旁阴湿处。除青藏高原外几遍布全国；在朝鲜、日本、越南、印度、伊朗、俄罗斯、澳大利亚、非洲北部及美洲也有分布。

流域分布： 黔江、浔江、北盘江、漓江、柳江、右江、异龙湖、杞麓湖、抚仙湖

主要用途： 为一种常见的杂草。

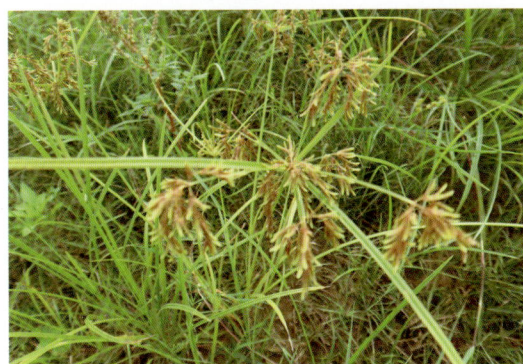

具芒碎米莎草 *Cyperus microiria* Steud.

分类系统:

类别	名称	拉丁学名
界	植物界	Plantae
门	被子植物门	Angiospermae
纲	单子叶植物纲	Monocotyledoneae
目	莎草目	Cyperales
科	莎草科	Cyperaceae
属	莎草属	*Cyperus*

别名: 黄颖莎草

生态类群: 湿地植物

形态特征: 一年生草本植物。具须根。秆丛生,锐三棱形,高20～50cm,基部具叶。叶短于秆,平张;叶鞘红棕色,稍带白色。苞片叶状,3～4枚,长于花序;聚伞花序复出,稍密或疏展,具长短不等辐射枝5～7个;穗状花序卵形、宽卵形;小穗线形或线状披针形,排列稍稀,斜展,具8～24朵花;雄蕊3枚,花药长圆形;花柱极短,柱头3枚。小坚果倒卵形或三棱形,深褐色,具密的微突起细点。花果期8～10月。

生境与分布: 具芒碎米莎草生长于河岸边等水边潮湿处。产于全国各地;在朝鲜、日本也有分布。

流域分布: 黔江、桂江、异龙湖、星云湖

主要用途: 全草入药,具利湿通淋、行气活血的功效,主治风湿骨病。

头状穗莎草 *Cyperus glomeratus* L.

分类系统：

类别	名称	拉丁学名
界	植物界	Plantae
门	被子植物门	Angiospermae
纲	单子叶植物纲	Monocotyledoneae
目	莎草目	Cyperales
科	莎草科	Cyperaceae
属	莎草属	*Cyperus*

别名：喂香壶、球形莎草、状元花、三轮草
生态类群：湿生植物、挺水植物
形态特征：一年生草本植物。具须根。秆散生，粗壮，钝三棱形，高50～120cm，平滑。叶短于秆，线状；叶鞘长，红棕色。叶状苞片3～5枚，边缘粗糙；长侧枝聚伞花序复出；穗状花序无总花梗，近圆形或椭圆形；小穗密集排列，线状披针形；鳞片排列疏松，近长圆形，棕红色；雄蕊3枚，长圆形，暗血红色；花柱长，柱头3枚，较短。小坚果长圆形或三棱形，灰色。花果期6～10月。
生境与分布：头状穗莎草多生于水边沙土、沼泽或阴湿的草丛中。在我国产于东北、河北、河南、山西、陕西、山东和江苏；欧洲中部、地中海区域、亚洲中部地区、亚洲东部温带地区及朝鲜和日本亦有分布。
流域分布：异龙湖、星云湖
主要用途：全草入药，具止咳化痰之功效，可治疗慢性气管炎。

香附子 *Cyperus rotundus* L.

分类系统：

类别	名称	拉丁学名
界	植物界	Plantae
门	被子植物门	Angiospermae
纲	单子叶植物纲	Monocotyledoneae
目	莎草目	Cyperales
科	莎草科	Cyperaceae
属	莎草属	*Cyperus*

别名：香附、莎草、香头草、梭梭草

生态类群：湿生植物

形态特征：多年生草本植物。匍匐根状茎，细长，具纺锤形块茎。秆直立稍细弱，锐三棱形，平滑。叶基生，短于秆，叶片窄线形；叶鞘棕色。叶状苞片 2 ~ 5 枚，等长或长于花序；聚伞花序简单或复出，具 2 ~ 10 个辐射枝；穗状花序呈陀螺形，具 3 ~ 10 枚小穗；小穗具 8 ~ 28 朵花；鳞片稍密的复瓦状排列，中间绿色，两侧紫红色或红棕色；雄蕊 3 枚，柱头 3 枚，细长。小坚果长圆倒卵形，三棱状。花果期 5 ~ 11 月。

生境与分布：香附子常生于山坡荒地草丛中或水边潮湿处，为世界广布种，在我国各省份均有分布。

流域分布：西江干支流

主要用途：块茎可供药用，有理气解郁、调经止痛、安胎之功效，主治胸肋胀痛、疝气、胎动不安、肝郁气滞、脘腹胀痛、消化不良等病症。

短叶莎草 *Cyperus malaccensis* subsp. *monophyllus*（Vahl）T. Koyama

分类系统：

类别	名称	拉丁学名
界	植物界	Plantae
门	被子植物门	Angiospermae
纲	单子叶植物纲	Monocotyledoneae
目	莎草目	Cyperales
科	莎草科	Cyperaceae
属	莎草属	*Cyperus*

别名：咸水草

生态类群：湿生植物

形态特征：多年生草本植物。匍匐根状茎长。秆高 80～100cm，锐三棱形，平滑，基部具 1～2 片叶。叶片短或极短，平张；叶鞘棕色，包裹着秆下部。苞片 3 枚，叶状，短于花序；长侧枝聚伞花序复出或多次复出，具 6～10 个第一次辐射枝；穗状花序具 5～10 枚小穗；鳞片椭圆形或长圆形，红棕色，稍带苍白色。小坚果狭长圆形，三棱形，几与鳞片等长，成熟时黑褐色。花果期 6～11 月。

生境与分布：短叶莎草多生于河旁、沟边等近水处。在我国分布于江苏、浙江、福建、广东、广西、四川、海南和台湾等省区；在日本也有分布。

流域分布：贺江、漓江

主要用途：全草入药，有清热、利尿之功效，可治小便不利、闭经、风火牙痛等。秆可编席用。

旋鳞莎草 *Cyperus michelianus*（L.）Link

分类系统:

类别	名称	拉丁学名
界	植物界	Plantae
门	被子植物门	Angiospermae
纲	单子叶植物纲	Monocotyledoneae
目	莎草目	Cyperales
科	莎草科	Cyperaceae
属	莎草属	*Cyperus*

生态类群: 湿生植物

形态特征: 一年生草本植物。植株高 2～25cm，丛生。须根多。秆扁三棱形，平滑。叶长线形，比秆长或短；叶鞘紫红色。叶状苞片 3～6 枚，长于花序；聚伞花序呈头状，卵形或球形，具密集的小穗；小穗卵形或披针形，具 10～20 余朵花；鳞片螺旋状排列，膜质，淡黄白色，微透明；雄蕊 2 枚，极少 1 枚；柱头 2 枚，极少 3 枚。小坚果狭长圆形、三棱形，外包白色透明疏松的细胞。花果期 6～9 月。

生境与分布: 旋鳞莎草多生于水边潮湿地。在我国产于贵州、广东、黑龙江、河北、河南、江苏、浙江、安徽、广西等省区；在日本、俄罗斯、欧洲中部及非洲北部亦有分布。

流域分布: 红水河、黔江、浔江、柳江、郁江、右江、蒙江

主要用途: 为一种常见的杂草。

异型莎草 *Cyperus difformis* L.

分类系统：

类别	名称	拉丁学名
界	植物界	Plantae
门	被子植物门	Angiospermae
纲	单子叶植物纲	Monocotyledoneae
目	莎草目	Cyperales
科	莎草科	Cyperaceae
属	莎草属	*Cyperus*

别名： 咸草、王母钗

生态类群： 湿生植物、挺水植物

形态特征： 一年生草本植物。植株高 2 ～ 65cm，丛生。具须根。秆稍粗或细弱，扁三棱形，平滑。叶基生，短于秆；叶鞘长，褐色。叶状苞片 2 枚，极少 3 枚，长于花序；聚伞花序，简单或少数复出，具长短不等辐射枝 3 ～ 9 个；小穗多数，密聚，披针形或线形，具 8 ～ 28 朵花；鳞片排列疏松，膜质，中间淡黄色，两侧深紫红色，边缘具白边；雄蕊 2 枚；柱头 3 枚，短。小坚果倒卵状椭圆形或三棱形，淡黄色。花果期 7 ～ 10 月。

生境与分布： 异型莎草生于海拔 2250m 以下的河流、溪流、水田或水边潮湿处。从东北至海南，几乎遍布我国各地；在印度、伊朗、泰国、阿富汗、阿尔巴尼亚、澳大利亚、俄罗斯等国家也有分布。

流域分布： 西江、浔江、桂江、漓江、柳江、右江

主要用途： 全草入药，有行气活血、利尿通淋之功效，可治吐血、胸痛、浮肿、淋症、跌打损伤等病症。也可作为家畜的饲料。

纸莎草 *Cyperus papyrus* L.

分类系统：

类别	名称	拉丁学名
界	植物界	Plantae
门	被子植物门	Angiospermae
纲	单子叶植物纲	Monocotyledoneae
目	莎草目	Cyperales
科	莎草科	Cyperaceae
属	莎草属	*Cyperus*

别名：埃及纸莎草

生态类群：湿生植物、挺水植物

形态特征：多年生大型草本植物。植株高 2 ～ 3m，丛生，常绿。根状茎粗壮。秆直立粗壮，钝三棱形，光滑。叶退化呈鞘状，棕色。叶状苞片 3 ～ 10 枚，披针形，在茎秆顶端放射状排列；花序顶生，由 1 至多个头状花序排列成简单或复合的伞形花序；小穗簇生，密集，黄色。瘦果三角形，灰褐色。花期 6 ～ 7 月。

生境与分布：纸莎草生长在浅水中、溪畔、沼泽等潮湿处。原产自刚果、马达加斯加、乌干达、埃塞俄比亚和西西里岛，在我国长江以南有栽培。

流域分布：异龙湖、杞麓湖、抚仙湖

主要用途：株形奇特，是良好的水生观赏植物，常用于庭院、多丛植水体的浅水处水景造景，还可防治水体污染。

埃及莎草 *Cyperus prolifer* Lam.

分类系统:

类别	名称	拉丁学名
界	植物界	Plantae
门	被子植物门	Angiospermae
纲	单子叶植物纲	Monocotyledoneae
目	莎草目	Cyperales
科	莎草科	Cyperaceae
属	莎草属	*Cyperus*

别名: 矮纸莎草

生态类群: 湿生植物、挺水植物

形态特征: 多年生挺水草本植物。植株高30～90cm,丛生或散生。具匍匐根状走茎。茎秆三棱形,实心。叶条状,披针形。伞形花序顶生,1至多个头状花序简单或复合形成伞形花序;苞片排成伞形;分枝上小穗簇生,呈叶状。花期7～9月。

生境与分布: 埃及莎草多生长于水边湿地。原产自非洲,在我国有栽培。

流域分布: 鲤鱼江

主要用途: 为良好的水生观赏植物,可作室内装饰材料,也可水培或制成插花。

三俭草 *Rhynchospora corymbosa*（L.）Britt.

分类系统：

类别	名称	拉丁学名
界	植物界	Plantae
门	被子植物门	Angiospermae
纲	单子叶植物纲	Monocotyledoneae
目	莎草目	Cyperales
科	莎草科	Cyperaceae
属	刺子莞属	*Rhynchospora*

别名：伞房刺子莞

生态类群：湿生植物

形态特征：多年生高大草本植物。植株高 60 ～ 100cm。根状茎短而粗。秆直立，粗壮，三棱形。有基生叶和秆生叶；叶鞘管状；叶狭长，线形，边缘粗糙。叶状苞片 3 ～ 5 枚，有 1 ～ 2 枚较花序长；圆锥花序大型，复出，由顶生或侧生伞房状聚伞花序组成；辐射枝多数，松散，枝上具多数小穗；小穗簇生，直立或斜展，具 1 朵两性花，1 ～ 2 朵雄花；雄蕊 3 枚；柱头 2 枚，极短。小坚果长圆倒卵形，褐色，扁，两面常凹凸不平。花果期 3 ～ 12 月。

生境与分布：三俭草生长在海拔 120 ～ 900m 的溪流岸边或山谷湿草地中。在我国产于广东、广西、海南、云南及台湾；分布于全球热带及亚热带地区。

流域分布：右江、融江

主要用途：植株可供观赏。

断节莎 *Torulinium ferax*

分类系统：

类别	名称	拉丁学名
界	植物界	Plantae
门	被子植物门	Angiospermae
纲	单子叶植物纲	Monocotyledoneae
目	莎草目	Cyperales
科	莎草科	Cyperaceae
属	断节莎属	*Torulinium*

生态类群： 湿生植物

形态特征： 多年生草本植物。植株高 30～120cm。根状茎短，具较硬须根。秆粗壮，三棱形，平滑。叶短于秆，线形，平张；叶鞘棕紫色。长侧枝聚伞花序大，复出；穗状花序圆筒形，苞片 6～8 枚；小穗排列稀疏，线形，顶端急尖，圆柱状，花 6～16 朵；小穗轴具关节，具椭圆形宽翅，后期黄色；鳞片卵状椭圆形，顶端钝；雄蕊 3 枚，花药线形；花柱中等长，柱头 3 枚。小坚果倒卵状长圆形或三棱形，先为红色，后变黑。

生境与分布： 断节莎多生长在河岸边或沼泽地中。在我国产于台湾，在广西、云南湿地公园有栽种；分布于全球热带地区。

流域分布： 郁江、贺江、右江、樟江、阳宗海

主要用途： 可作湿地生态恢复或园林造景植物。

华一本芒 *Cladium mariscus*（L.）**Pohl**

分类系统:

类别	名称	拉丁学名
界	植物界	Plantae
门	被子植物门	Angiospermae
纲	单子叶植物纲	Monocotyledoneae
目	莎草目	Cyperales
科	莎草科	Cyperaceae
属	一本芒属	*Cladium*

别名: 华克拉莎、克拉莎

生态类群: 湿生植物、挺水植物

形态特征: 多年生草本植物。植株高 1～2.5m，丛生。具短匍匐根状茎。秆基部圆柱形，秆上有节，具多数秆生叶。叶扁平，剑形，无叶舌。苞片叶状，边缘及背面中脉具细锯齿，有鞘；圆锥花序，总花梗扁平；小苞片鳞片状，卵状披针形，有棕色条纹；成熟小穗卵形或宽卵形，暗褐色，鳞片卵形。小坚果长圆状卵形，褐色光亮。花果期 5～9 月。

生境与分布: 华一本芒生于河岸边或沼泽湿地。在我国产于广东、广西、云南、浙江、台湾、海南、西藏等省区；也分布于朝鲜、日本。

流域分布: 郁江、环江

主要用途: 可作湿地生态恢复或园林造景植物。

复序飘拂草 *Fimbristylis bisumbellata*（Forsk.）Bubani

分类系统：

类别	名称	拉丁学名
界	植物界	Plantae
门	被子植物门	Angiospermae
纲	单子叶植物纲	Monocotyledoneae
目	莎草目	Cyperales
科	莎草科	Cyperaceae
属	飘拂草属	*Fimbristylis*

别名：大畔飘拂草

生态类群：湿地植物

形态特征：一年生草本植物。植株高 4 ～ 20cm，丛生。秆细弱平滑，扁三棱形，基生叶少。叶短于秆，线形，顶端边缘具小刺，背面被疏硬毛；叶鞘短，黄绿色，外被白柔毛。叶状苞片 2 ～ 5 枚，下面 1 ～ 2 枚较长或等长于花序，其余短于花序；聚伞花序复出或多次复出，具 4 ～ 10 个辐射枝；小穗长圆状卵形、卵形或长圆形，单生于第一次或第二次辐射枝顶端，具 10 ～ 20 朵花。小坚果宽倒卵形，双凸状，具极短的柄。花果期 7 ～ 11 月。

生境与分布：复序飘拂草生于溪流、河流、水沟等岸边湿地或山坡潮湿处。在我国产于湖北、广西、广东、四川、云南、河北、山西、陕西、山东、台湾、河南等地。

流域分布：浔江、贺江、郁江、鲤鱼江、蒙江、异龙湖、阳宗海

主要用途：为一般性杂草。

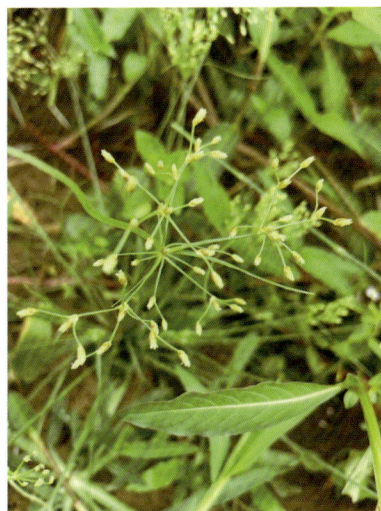

两歧飘拂草 *Fimbristylis dichotoma*（L.）Vahl

分类系统：

类别	名称	拉丁学名
界	植物界	Plantae
门	被子植物门	Angiospermae
纲	单子叶植物纲	Monocotyledoneae
目	莎草目	Cyperales
科	莎草科	Cyperaceae
属	飘拂草属	*Fimbristylis*

生态类群： 湿生植物

形态特征： 一年生草本植物。植株高 15 ～ 50cm，丛生。秆纤细无毛或稍被柔毛，花序下三、四或五棱形。叶线形或狭线形，与秆略等长，被柔毛或无毛；叶鞘革质，上端近截形，浅棕色。叶状苞片 3 ～ 4 枚，有 1 ～ 2 枚长于花序；聚伞花序，复出或单生；小穗卵形、椭圆形或长圆形，单生于辐射枝顶端，具多数花；鳞片卵形、长圆状卵形或长圆形，褐色，有光泽；雄蕊 1 ～ 2 枚；柱头 2 枚。小坚果宽倒卵形，双凸状，具褐色的柄。花果期 7 ～ 10 月。

生境与分布： 两歧飘拂草生于水田、河岸、草地或沼泽湿地。产于东北和云南、四川、广东、广西、福建、台湾、贵州、江苏、江西、浙江、河北、山东、山西等地；在印度、中南半岛、澳大利亚、非洲也有分布。

流域分布： 西江、浔江、贺江、柳江、郁江、右江

主要用途： 为一般性杂草。

水虱草 *Fimbristylis littoralis*

分类系统：

类别	名称	拉丁学名
界	植物界	Plantae
门	被子植物门	Angiospermae
纲	单子叶植物纲	Monocotyledoneae
目	莎草目	Cyperales
科	莎草科	Cyperaceae
属	飘拂草属	*Fimbristylis*

别名：日照飘拂草

生态类群：湿生植物

形态特征：一年生草本植物。植株高 10 ～ 60cm。秆丛生，扁四棱形，具纵槽。叶鞘侧扁，背面呈锐龙骨状；叶长于秆或与秆等长，侧扁，剑状，叶边有稀疏细齿。苞片 2 ～ 4 枚，刚毛状，短于花序；长侧枝聚伞花序复出，小穗近球形，顶端极钝；鳞片膜质，卵形，栗色，具白色狭边；雄蕊 2 枚，花药长圆形，花柱三棱形，无缘毛，柱头 3 枚。小坚果倒卵形或钝三棱形，麦秆黄色，具疣状突起和圆形网纹。花果期 7 ～ 10 月。

生境与分布：水虱草多生于溪边、水田及沼泽湿地。在我国分布于华东、华南、西南及河北、陕西、河南、湖北等地；也分布于印度、马来西亚、斯里兰卡、泰国、越南、老挝、朝鲜、日本、波利尼西亚、澳大利亚。

流域分布：红水河、漓江、浔江、右江、融江、桂江

主要用途：全草入药，可清热利尿、活血解毒、祛痰定喘、活血消肿，主治风热咳嗽、小便短赤、胃肠炎、跌打损伤、支气管炎、小便不利等症。

水莎草 *Juncellus serotinus var. serotinus*

分类系统:

类别	名称	拉丁学名
界	植物界	Plantae
门	被子植物门	Angiospermae
纲	单子叶植物纲	Monocotyledoneae
目	莎草目	Cyperales
科	莎草科	Cyperaceae
属	水莎草属	*Juncellus*

别名：三棱草、侧莞草

生态类群：湿生植物、挺水植物

形态特征：多年生草本植物。植株高 35～100cm。根状茎长，横走。秆粗壮，扁三棱形，平滑。叶短于秆，线形。叶状苞片 3 枚，较花序长 1 倍以上；聚伞花序复出，具 4～7 个第一次辐射枝；辐射枝不等长；每枝上有 1～3 个具 5～17 个小穗的穗状花序；小穗排列平展松散，具 10～34 朵花；鳞片初期排列紧密，后期较松，背面中肋绿色，两侧红褐色，边缘黄白色；雄蕊 3 枚；柱头 2 枚，细长。小坚果椭圆形，棕色。

花果期 7～10 月。

生境与分布：水莎草生长于湖泊、溪流、沟渠等浅水中或水边沼泽湿地。在我国产于华东、华中、华北及广东、贵州、云南等地；在朝鲜、日本、喜马拉雅山西北部及欧洲中部、地中海地区也有分布。

流域分布：红水河、黔江、浔江、桂江、漓江、柳江、郁江、右江、北盘江、异龙湖、杞麓湖

主要用途：全草或块茎入药，有止咳化痰、消积止痛之功效，可治慢性支气管炎、消化不良等。但同时也是稻田主要恶性杂草。

短叶水蜈蚣 *Kyllinga brevifolia* **Rottb.**

分类系统：

类别	名称	拉丁学名
界	植物界	Plantae
门	被子植物门	Angiospermae
纲	单子叶植物纲	Monocotyledoneae
目	莎草目	Cyperales
科	莎草科	Cyperaceae
属	水蜈蚣属	*Kyllinga*

生态类群：湿生植物

形态特征：多年生草本植物。根状茎长而匍匐，具多数节，每节长1秆。秆高7～20cm，扁三棱形，平滑。叶短于或稍长于秆；基部具4～5个圆筒状叶鞘，下面2个叶鞘干膜质，棕色，上面2～3个叶鞘顶端具叶片。叶状苞片3枚；穗状花序通常单个，极少2个或3个，球形或卵球形；小穗长圆状披针形或披针形，密集，多数，具1朵花；鳞片膜质，白色；雄蕊1～3枚；柱头2枚，长约为花柱的1/2。小坚果倒卵状长圆形，扁双凸状。花果期5～9月。

生境与分布：短叶水蜈蚣生于海拔600m以下的水田、溪沟和河流岸边。在我国产于广东、湖北、广西、湖南、贵州、四川、云南、安徽、浙江、江西、海南；在印度、缅甸、越南、马来西亚、印度尼西亚、菲律宾、日本、澳大利亚、美洲、非洲也有分布。

流域分布：贺江、郁江、邕江、右江、樟江、柳江

主要用途：全草入药，有疏风解表、清热利湿之功效。

二形鳞薹草 *Carex dimorpholepis* Steud.

分类系统：

类别	名称	拉丁学名
界	植物界	Plantae
门	被子植物门	Angiospermae
纲	单子叶植物纲	Monocotyledoneae
目	莎草目	Cyperales
科	莎草科	Cyperaceae
属	薹草属	*Carex*

别名： 垂穗薹草

生态类群： 湿生植物

形态特征： 多年生草本植物。植株高 35～80cm，丛生。根状茎短。秆锐三棱形，基部具无叶片叶鞘，红褐色至黑褐色。叶短于或等长于秆，边缘反卷。苞片下部叶状，上部刚毛状；小穗 5～6 枚；鳞片倒卵状长圆形，具粗糙长芒，中间 3 脉淡绿色。果囊椭圆形或椭圆状披针形，红褐色，密生乳头状突起，顶端短喙，喙口全缘；柱头 2 枚。花果期 4～6 月。

生境与分布： 二形鳞薹草生于海拔 200～1300m 的沟边潮湿处。在我国产于辽宁、陕西、甘肃、山东、江苏、安徽、浙江、江西、河南、湖北、广东、四川等省；在斯里兰卡、印度、缅甸、尼泊尔、越南、朝鲜、日本亦有分布。

流域分布： 南盘江、蒙江

主要用途： 茎叶可作饲料。

高节薹草 *Carex thomsonii* Boott

分类系统:

类别	名称	拉丁学名
界	植物界	Plantae
门	被子植物门	Angiospermae
纲	单子叶植物纲	Monocotyledoneae
目	莎草目	Cyperales
科	莎草科	Cyperaceae
属	薹草属	*Carex*

生态类群: 湿生植物

形态特征: 多年生草本植物。植株高15～30cm。匍匐状根状茎短。秆丛生,钝三棱形。叶鞘黑褐色,纤维状;叶长于秆,具长鞘。苞片刚毛状;小穗卵形,雄雌顺序;穗状花序长圆柱形;雄花鳞片长圆形,黄白色;雌花鳞片卵形,淡锈色,边缘白色膜质。果囊卵形,平凸状,棕褐色;小坚果倒卵状椭圆形,平滑,褐色;柱头2枚。花果期4～8月。

生境与分布: 高节薹草多生于海拔200～1700m的河边沙地等湿润处。在我国产于广西、四川、贵州、云南等省区;在越南北部、缅甸北部、印度东北部、尼泊尔、不丹亦有分布。

流域分布: 红水河、柳江、洛清江、打狗河

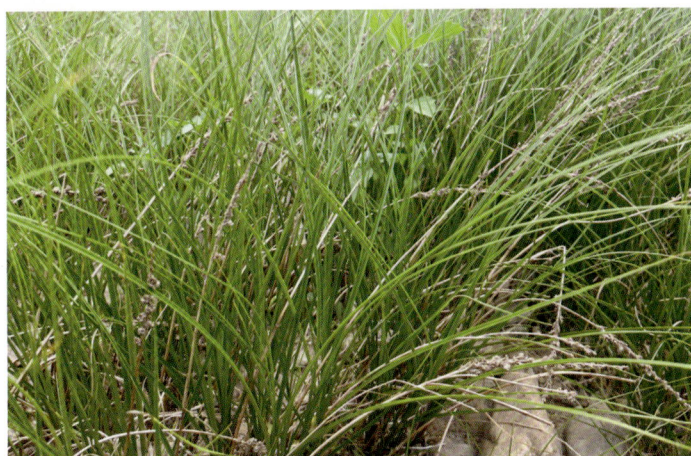

密穗砖子苗 *Mariscus compactus*

分类系统：

类别	名称	拉丁学名
界	植物界	Plantae
门	被子植物门	Angiospermae
纲	单子叶植物纲	Monocotyledoneae
目	莎草目	Cyperales
科	莎草科	Cyperaceae
属	砖子苗属	*Mariscus*

生态类群：湿生植物、挺水植物

形态特征：多年生草本植物。植株高50～90cm。根状茎短。秆疏丛生，粗壮，圆柱状。叶线状披针形，长于或稍短于秆；叶鞘长，圆筒形，紫红色。叶状苞片3～5枚，长于花序；聚伞花序复出，具7～9个第一次辐射枝；辐射枝直立坚挺，长短不等；每个辐射枝上具5～10个较短第二次辐射枝；穗状花序圆筒形或长圆形，具多数小穗；小穗排列紧密，具3～7朵花；鳞片互生，血红色或红棕色；雄蕊3枚；柱头3枚，细长。小坚果线状长圆形，初期淡黄色。花果期6～12月。

生境与分布：密穗砖子苗常生于水田、水沟、池塘或沼泽中。在我国产于广东、广西、海南、云南及台湾等地；也分布于马达加斯加、印度、尼泊尔、马来西亚、印度尼西亚、缅甸、越南、菲律宾。

流域分布：柳江、右江、星云湖

主要用途：全草入药，有止咳化痰、宣肺解表之功效，可用于治疗风寒感冒、咳嗽痰多等病症。

高节薹草 *Carex thomsonii* Boott

分类系统:

类别	名称	拉丁学名
界	植物界	Plantae
门	被子植物门	Angiospermae
纲	单子叶植物纲	Monocotyledoneae
目	莎草目	Cyperales
科	莎草科	Cyperaceae
属	薹草属	*Carex*

生态类群: 湿生植物

形态特征: 多年生草本植物。植株高 15～30cm。匍匐状根状茎短。秆丛生，钝三棱形。叶鞘黑褐色，纤维状；叶长于秆，具长鞘。苞片刚毛状；小穗卵形，雄雌顺序；穗状花序长圆柱形；雄花鳞片长圆形，黄白色；雌花鳞片卵形，淡锈色，边缘白色膜质。果囊卵形，平凸状，棕褐色；小坚果倒卵状椭圆形，平滑，褐色；柱头 2 枚。花果期 4～8 月。

生境与分布: 高节薹草多生于海拔 200～1700m 的河边沙地等湿润处。在我国产于广西、四川、贵州、云南等省区；在越南北部、缅甸北部、印度东北部、尼泊尔、不丹亦有分布。

流域分布: 红水河、柳江、洛清江、打狗河

条穗薹草 *Carex nemostachys* Steud.

分类系统：

类别	名称	拉丁学名
界	植物界	Plantae
门	被子植物门	Angiospermae
纲	单子叶植物纲	Monocotyledoneae
目	莎草目	Cyperales
科	莎草科	Cyperaceae
属	薹草属	*Carex*

别名：线穗薹草

生态类群：湿生植物

形态特征：多年生草本植物。植株高40～90cm。根状茎粗短，具地下匍匐茎。秆三棱形，上部粗糙，基部具黄褐色纤维状的老叶鞘。叶长于秆，脉和边缘均粗糙。下部苞片叶状，上部苞片刚毛状，长于或短于秆，无鞘；小穗5～8枚，聚生秆顶；雄性小穗线形；雌性小穗长圆柱形，具多数花。果囊卵形或宽卵形，钝三棱状，褐色，疏被短硬毛；小坚果宽倒卵形或近椭圆形，三棱状，淡棕黄色。花果期9～12月。

生境与分布：条穗薹草生于海拔1600m以下的溪流岸边、沼泽地。在我国分布于广西、贵州、云南、广东、江苏、浙江、安徽、江西、湖北、湖南、福建等省区；在印度、孟加拉国、泰国、越南、柬埔寨和日本也有分布。

流域分布：漓江、柳江、洛清江

主要用途：可作水土保持植物。

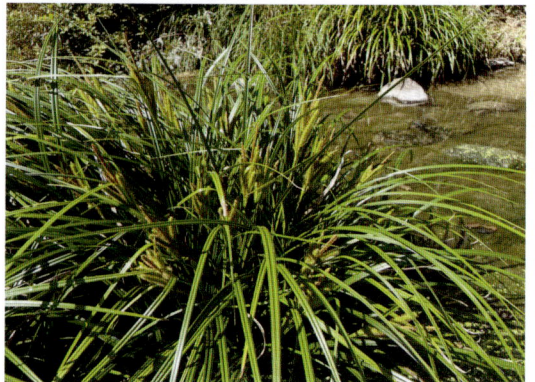

签草 *Carex doniana* **Spreng.**

分类系统:

类别	名称	拉丁学名
界	植物界	Plantae
门	被子植物门	Angiospermae
纲	单子叶植物纲	Monocotyledoneae
目	莎草目	Cyperales
科	莎草科	Cyperaceae
属	薹草属	*Carex*

生态类群: 湿生植物

形态特征: 多年生草本植物。植株高 30 ～ 60cm。根状茎短，地下匍匐茎细长。秆扁锐三棱形，基部叶鞘淡褐黄色。叶稍长或等长于秆，具鞘。苞片叶状；小穗 3 ～ 6 枚，雄小穗顶生，线状圆柱形；雌小穗侧生，长圆柱形；雄花鳞片披针形或卵状披针形，雌花鳞片卵状披针形，膜质，淡黄色或稍带淡褐色。果囊长圆状卵形，淡绿黄色；小坚果倒卵形或三棱形，深黄色，顶端具小短尖；柱头 3 枚，细长。花果期 4 ～ 10 月。

生境与分布: 签草生于海拔 500 ～ 3000m 的溪边、沟边或灌林草丛潮湿处。在我国产于陕西、江苏、浙江、福建、台湾、湖北、广东、广西、四川、云南等省区；在日本、朝鲜、菲律宾、印度尼西亚、喜马拉雅山东部地区、尼泊尔等地亦有分布。

流域分布: 融江、澄江

主要用途: 可用于湿地绿化。

密穗砖子苗 *Mariscus compactus*

分类系统：

类别	名称	拉丁学名
界	植物界	Plantae
门	被子植物门	Angiospermae
纲	单子叶植物纲	Monocotyledoneae
目	莎草目	Cyperales
科	莎草科	Cyperaceae
属	砖子苗属	*Mariscus*

生态类群：湿生植物、挺水植物

形态特征：多年生草本植物。植株高 50 ～ 90cm。根状茎短。秆疏丛生，粗壮，圆柱状。叶线状披针形，长于或稍短于秆；叶鞘长，圆筒形，紫红色。叶状苞片 3 ～ 5 枚，长于花序；聚伞花序复出，具 7 ～ 9 个第一次辐射枝；辐射枝直立坚挺，长短不等；每个辐射枝上具 5 ～ 10 个较短第二次辐射枝；穗状花序圆筒形或长圆形，具多数小穗；小穗排列紧密，具 3 ～ 7 朵花；鳞片互生，血红色或红棕色；雄蕊 3 枚；柱头 3 枚，细长。小坚果线状长圆形，初期淡黄色。花果期 6 ～ 12 月。

生境与分布：密穗砖子苗常生于水田、水沟、池塘或沼泽中。在我国产于广东、广西、海南、云南及台湾等地；也分布于马达加斯加、印度、尼泊尔、马来西亚、印度尼西亚、缅甸、越南、菲律宾。

流域分布：柳江、右江、星云湖

主要用途：全草入药，有止咳化痰、宣肺解表之功效，可用于治疗风寒感冒、咳嗽痰多等病症。

砖子苗 *Mariscus umbellatus* var. *umbellatus*

分类系统:

类别	名称	拉丁学名
界	植物界	Plantae
门	被子植物门	Angiospermae
纲	单子叶植物纲	Monocotyledoneae
目	莎草目	Cyperales
科	莎草科	Cyperaceae
属	砖子苗属	*Mariscus*

别名:复出穗砖子苗、小穗砖子苗、展穗砖子苗

生态类群:湿生植物

形态特征:多年生草本植物。植株高 20 ～ 60cm。秆疏丛生,锐三棱形,基部膨大。叶短于秆,线状披针形,上面绿色,下面淡绿色;叶鞘褐色或红棕色。叶状苞片 5 ～ 8 枚,生于花序下,通常长于花序;聚伞花序简单,具 6 ～ 12 个或更多的长短不等辐射枝;穗状花序圆筒形或长圆形,具多数小穗;小穗集合于小伞梗顶形成放射状的头状花序;鳞片淡黄色或绿白色。小坚果狭长圆形或三棱形。花果期 4 ～ 10 月。

生境与分布:砖子苗生于海拔 200 ～ 3200m 的田边、沟边、溪边或河边湿地。在我国产于广东、海南、广西、贵州、云南、陕西、湖北、湖南、江苏、浙江、安徽、江西、福建、四川、台湾等省区;在非洲、印度、马来西亚、菲律宾、美国也有分布。

流域分布:北盘江、郁江、右江、贺江、星云湖

主要用途:为常用中草药,具止咳化痰、宣肺解表之功效,可治疗风寒感冒、咳嗽痰多等疾病。

（三十七）十字花科 Cruciferae

蔊菜 *Rorippa indica*（L.）Hiern

分类系统：

类别	名称	拉丁学名
界	植物界	Plantae
门	被子植物门	Angiospermae
纲	双子叶植物纲	Dicotyledoneae
目	罂粟目	Rhoeadales
科	十字花科	Cruciferae
属	蔊菜属	*Rorippa*

别名：印度蔊菜、江剪刀草、野油菜、辣米菜、野菜子

生态类群：湿生植物

形态特征：一年生或二年生草本植物。植株高20～40cm，无毛或具疏毛。主根为直根。茎单一或分枝，具纵沟。叶互生，基生叶及茎下部叶具长柄，叶形卵状披针形，具疏齿；茎上部叶片宽披针形或匙形，具疏齿，具短柄。总状花序顶生或侧生，具多数小花；花瓣4枚，黄色；雄蕊6枚，2枚稍短。角果线状圆柱形；具果梗；种子细小，多数，卵圆形而扁，褐色。花期4～6月，果期6～8月。

生境与分布：蔊菜生于海拔230～1450m的田边、沟边、河流岸边及山坡路旁潮湿处。在我国分布于广东、云南、陕西、甘肃、四川、湖南、江西、河南、山东、江苏、浙江、福建、台湾等省；在日本、朝鲜、菲律宾、印度尼西亚、印度也有分布。

流域分布：南盘江、柳江、杞麓湖、阳宗海

主要用途：全草入药，有解表健胃、止咳平喘、清热解毒、散热消肿之功效，可治疗腹内积滞、大便不畅、食欲不振等症。

沼生蘋菜 *Rorippa palustris*

分类系统：

类别	名称	拉丁学名
界	植物界	Plantae
门	被子植物门	Angiospermae
纲	双子叶植物纲	Dicotyledoneae
目	罂粟目	Rhoeadales
科	十字花科	Cruciferae
属	蘋菜属	*Rorippa*

别名： 水荠菜、大根荠菜

生态类群： 湿生植物

形态特征： 一年生或二年生草本植物。植株高 10～50cm。茎直立，下部常带紫色，具棱。基生叶和茎下部的叶片羽状分裂，长圆形至狭长圆形；花序下的叶披针形，不分裂。总状花序顶生或腋生，花小，多数，黄色或淡黄色；萼片长椭圆形；花瓣长倒卵形至楔形，等于或稍短于萼片。短角果椭圆形或近圆柱形；种子细小，卵形，扁平。花期4～7月，果期6～8月。

生境与分布： 沼生蘋菜生于田边、溪岸等近水潮湿地。为广布种，在我国分布于东北、华北、西北、西南地区；在北半球温暖地区皆有分布。

流域分布： 南盘江、北盘江、异龙湖

主要用途： 药用具清热利尿、解毒的功效，主治水肿、黄疸、腹水、咽痛、痈肿、淋病等症。

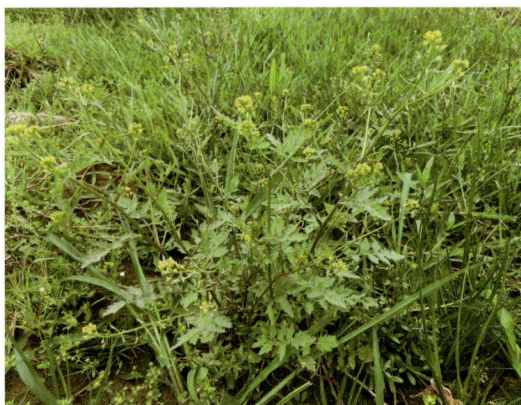

风花菜 *Rorippa globosa*（Turcz. ex Fisch. & C. A. Mey.）Hayek

分类系统：

类别	名称	拉丁学名
界	植物界	Plantae
门	被子植物门	Angiospermae
纲	双子叶植物纲	Dicotyledoneae
目	罂粟目	Rhoeadales
科	十字花科	Cruciferae
属	蔊菜属	*Rorippa*

别名：云南亚麻荠、圆果蔊菜、银条菜、球果蔊菜

生态类群：湿生植物

形态特征：一年生或二年生草本植物。植株高 20～80cm，被白色硬毛或近无毛。茎基部木质化。叶长圆形至倒卵状披针形；茎下部叶具柄，上部叶无柄。总状花序多数，呈圆锥花序式排列；花小，黄色，具细梗；萼片4枚，长卵形；花瓣4枚，倒卵形，与萼片等长。短角果实近球形，果瓣2枚；种子极细小，多数，淡褐色，扁卵形。花期4～6月，果期7～9月。

生境与分布：风花菜喜生于海拔 30～2500m 的河岸、湿地、路旁、沟边或草丛中，也生于干旱处。在我国分布于东北和江西、湖北、湖南、广东、广西、云南、河北、山西、山东、安徽、江苏、浙江；在日本、朝鲜、越南、俄罗斯也有分布。

流域分布：西江、浔江、柳江

主要用途：风花菜具清热利尿、解毒消肿之功效，可用于治疗水肿、腹水、咽痛、黄疸、烫火伤等。其幼苗及嫩株也可食用。

豆瓣菜 *Nasturtium officinale* R. Br. ex W. T. Aiton

分类系统:

类别	名称	拉丁学名
界	植物界	Plantae
门	被子植物门	Angiospermae
纲	双子叶植物纲	Dicotyledoneae
目	罂粟目	Rhoeadales
科	十字花科	Cruciferae
属	豆瓣菜属	*Nasturtium*

别名: 水蔊菜、西洋菜、水田芥、耐生菜、凉菜

生态类群: 挺水植物

形态特征: 多年生草本植物。植株高 20～40cm。茎匍匐或浮水生,分枝多,节上生根。单数羽状复叶,小叶 3～7 片,宽卵形、长圆形或近圆形,顶端 1 片大;叶柄基部成耳状,略抱茎。总状花序顶生,花多数;萼片长卵形;花瓣倒卵形或宽匙形,白色。果为长角果,圆柱形而扁种子卵形,红褐色,表面具网纹。花期 4～5 月,果期 6～7 月。

生境与分布: 豆瓣菜常生于水田、溪沟边、河流边、沼泽地或水中。原产自西亚和欧洲,在我国分布于广东、广西、贵州、云南、黑龙江、河北、山西、山东、河南、安徽、江苏、浙江、陕西、四川、西藏等地;在亚洲其他地区、欧洲及北美洲也有分布。

流域分布: 杞麓湖、抚仙湖

主要用途: 全草入药,具有清燥润肺、化痰止咳、利尿等功效。也是很好的保健蔬菜,可用于制作美味菜肴。

碎米荠 *Cardamine hirsuta* **L.**

分类系统:

类别	名称	拉丁学名
界	植物界	Plantae
门	被子植物门	Angiospermae
纲	双子叶植物纲	Dicotyledoneae
目	罂粟目	Rhoeadales
科	十字花科	Cruciferae
属	碎米荠属	*Cardamine*

别名:雀儿菜、碎米芥

生态类群:湿生植物

形态特征:一年生草本植物。株高 15～35cm。茎直立或斜升,分枝或不分枝,被柔毛。基生叶具叶柄,顶生小叶肾形或肾圆形,侧生小叶卵形或圆形,有或无小叶柄;茎生叶具短柄,茎下部叶与基生叶相似,茎上部叶菱状长卵形;全部小叶两面稍有毛。总状花序顶生枝端;花小;花瓣倒卵形,白色。种子椭圆形,顶端具明显的翅。花期 2～4 月,果期 4～6 月。

生境与分布:碎米荠常生于海拔 1000m 以下的田边、沟边、溪流岸边等阴湿地,以及湿润草地或园林地阴湿处。分布在我国辽宁、河北、山西、陕西、甘肃、山东和长江以南各地;广泛分布于全球温带地区。

流域分布:红水河、右江、杞麓湖

主要用途:全草入药,具有疏风清热、利尿解毒之功效。也可作野菜食用。

（三十八）石蒜科 Amaryllidaceae

石蒜 *Lycoris radiata*（L'Hér.）Herb.

分类系统：

类别	名称	拉丁学名
界	植物界	Plantae
门	被子植物门	Angiospermae
纲	单子叶植物纲	Monocotyledoneae
目	百合目	Liliflorae
科	石蒜科	Amaryllidaceae
属	石蒜属	*Lycoris*

别名：灶鸡花、蟑螂花、龙爪花、两生花、老鸦蒜、彼岸花、死人花、幽灵花、舍子花

生态类群：湿生植物

形态特征：多年生草本植物。鳞茎卵球形，外皮紫褐色，直径 1～3cm。叶深绿色，条状或带状，中间有粉绿色带。伞形花序，具花 4～7 朵，鲜红色；花被漏斗状，浅绿色，花被裂片狭倒披针形，边缘皱缩和反卷；花柱纤弱；雄蕊显著伸出花被，比花被长 1 倍左右。蒴果背裂；种子多数。花期 8～9 月，果期 10 月。

生境与分布：石蒜常生于阴湿山坡和溪沟边。在我国分布于华中地区和广东、广西、福建、云南、四川、贵州、陕西、山东、安徽、江苏、浙江等省区；在日本、朝鲜、尼泊尔也有分布。

流域分布：漓江

主要用途：是常见的园林观赏植物。鳞茎入药，有解毒、祛痰、利尿、催吐、镇静、杀虫、抗癌之功效，可治疗小儿麻痹症、咽喉肿痛、肾炎水肿、痈肿疮毒、食物中毒等。

水鬼蕉 *Hymenocallis littoralis*（Jacq.）Salisb.

分类系统：

类别	名称	拉丁学名
界	植物界	Plantae
门	被子植物门	Angiospermae
纲	单子叶植物纲	Monocotyledoneae
目	百合目	Liliflorae
科	石蒜科	Amaryllidaceae
属	水鬼蕉属	*Hymenocallis*

别名：蜘蛛兰、美洲蜘蛛兰、蜘蛛百合

生态类群：湿生植物

形态特征：多年生草本植物。鳞茎球形，深绿色。叶基生，10～12枚，剑形或倒披针形，顶端锐尖，多脉，无柄，深绿色。佛焰苞状总苞片基部极阔；花茎顶端生花3～8朵，白色；花被管纤细，长短不等，花被裂片短于花被管，线形；杯状体（雄蕊杯）钟形或阔漏斗形，有齿；花柱约与雄蕊等长或更长；花绿白色，有香气。蒴果卵圆形或环形，肉质；种子海绵质状，绿色。花期夏末秋初。

生境与分布：水鬼蕉喜生于水边湿润土地。原产自西印度群岛等美洲热带地区，在我国福建、广东、广西、云南等地区有引种栽培；在世界各地广泛栽培。

流域分布：漓江

主要用途：水鬼蕉叶姿优美、花形别致，可作盆栽或公园景观植物。叶和鳞茎入药，有舒筋活血、消肿止痛的功效，可用于治跌打肿痛、关节风湿痛、痔疮。

（三十九）水鳖科 **Hydrocharitaceae**

埃格草 *Egeria densa* **Planch.**

分类系统：

类别	名称	拉丁学名
界	植物界	Plantae
门	被子植物门	Angiospermae
纲	单子叶植物纲	Monocotyledoneae
目	沼生目	Helobiae
科	水鳖科	Hydrocharitaceae
属	埃格草属	*Egeria*

别名：水蕴草、大花水草、巴西水草

生态类群：沉水植物

形态特征：多年生沉水草本植物。茎圆柱形，直立或横生于水中，具纵向细棱纹；节可生根。休眠芽长卵圆形。叶5～7片轮生，狭披针形至披针形，深绿色或亮绿色；叶片先端锐尖，末端钝圆，叶缘具齿。雌雄异株；花浮出水面；花瓣3枚，白色，圆形；雄蕊9枚。果实椭圆形，肉质；种子椭圆形。花果期5～10月。

生境与分布：埃格草喜温暖湿润气候，不耐寒，喜弱光，冬季休眠，夏季生长旺盛。原产自南美洲巴西、阿根廷、乌拉圭，在我国长江流域地区有引种栽培；广泛分布于北美洲、欧洲、亚洲、澳大利亚、新西兰和非洲。

流域分布：漓江

主要用途：是良好的沉水观赏植物，可作为园林水景布置材料和水族箱植物。有富集有机物及无机离子的作用，可用于废水治理。

海菜花 *Ottelia acuminata*（**Gagnep.**）**Dandy**

分类系统：

类别	名称	拉丁学名
界	植物界	Plantae
门	被子植物门	Angiospermae
纲	单子叶植物纲	Monocotyledoneae
目	沼生目	Helobiae
科	水鳖科	Hydrocharitaceae
属	水车前属	*Ottelia*

别名： 异叶水车前、龙爪菜、海菜

生态类群： 沉水植物

形态特征： 多年生水生草本植物。茎短缩。叶基生，叶形变化较大，线状圆形、披针形、卵形、宽心形，基部心形或深心形，全缘或有细锯齿；叶柄长短视水深浅而定，柄上和叶背有肉刺。花单性，雌雄异株，花葶圆柱形，光滑，通常略低于水面；苞片无翅，但有 2 ～ 6 棱，无刺或梗上有刺；雄花每苞内含有 40 ～ 50 朵花，雌花每苞中含有 2 ～ 3 朵花。果为三棱状纺锤形，褐色，棱上有肉刺或疣突；种子多数，无毛。花果期 5 ～ 10 月。

生境与分布： 海菜花生于海拔 270m 以下的湖泊、池塘、沟渠和水田中。为我国特有植物，国家二级重点保护植物；在我国分布于广东、广西、海南、四川、云南和贵州。

流域分布： 澄江

主要用途： 叶形多变，温暖地区全年开花，具有很好的观赏性。营养价值高，作蔬菜食用，可明目养肝、止咳化痰，对心血管疾病与尿频有辅助治疗作用。

黑藻 *Hydrilla verticillata*（L. f.）Royle

分类系统：

类别	名称	拉丁学名
界	植物界	Plantae
门	被子植物门	Angiospermae
纲	单子叶植物纲	Monocotyledoneae
目	沼生目	Helobiae
科	水鳖科	Hydrocharitaceae
属	黑藻属	*Hydrilla*

别名： 灯笼薇、温丝草、转转薇

生态类群： 沉水植物

形态特征： 多年生沉水草本植物。茎圆柱形，表面具纵向细棱纹。休眠芽长卵圆形。苞叶多数，螺旋状紧密排列，狭披针形至披针形，白色或淡黄绿色。叶3～8片轮生，线形或长条形，常带紫红色或黑色小斑点，先端锐尖，边缘锯齿明显。花单性，雌雄同株或异株；雄花花瓣3枚，白色或粉红色，成熟后自佛焰苞内放出，漂浮于水面开花；雌佛焰苞绿色；苞内雌花1朵。果实圆柱形；种子2～6粒，茶褐色。以休眠芽繁殖为主。花果期5～10月。

生境与分布： 黑藻生于池塘、湖泊和水沟等淡水中。在我国产于华东、华南、华中地区和四川、贵州、云南、黑龙江、河北、陕西等省；在欧亚大陆其他地区、非洲和大洋洲等热带至温带地区也有分布。

流域分布： 贺江、漓江、柳江、异龙湖、星云湖、抚仙湖

主要用途： 为装饰水族箱的布景材料。可作水下植被或沉水观赏植物。也是淡水鱼类很好的饲料。

苦草 *Vallisneria natans*（**Lour.**）**H. Hara**

分类系统：

类别	名称	拉丁学名
界	植物界	Plantae
门	被子植物门	Angiospermae
纲	单子叶植物纲	Monocotyledoneae
目	沼生目	Helobiae
科	水鳖科	Hydrocharitaceae
属	苦草属	*Vallisneria*

别名：扁担草、蓼萍草、扁草

生态类群：沉水植物

形态特征：多年生沉水草本植物。具匍匐茎，白色，光滑或稍粗糙。叶基生，线形或带形，绿色或略带紫红色，全缘或具不明显的细锯齿；无叶柄。花单性，雌雄异株；雄佛焰苞卵状圆锥形，雄花200余朵或更多，成熟的雄花浮在水面开放；萼片3枚，大小不等；雄蕊1枚；雌佛焰苞筒状，绿色或暗紫红色；雌花单生于佛焰苞内；萼片3枚，绿紫色；花瓣3枚，极小，白色；退化雄蕊3枚；子房圆柱形，光滑；胚珠多数，直立，厚珠心型。果实圆柱形；种子倒长卵形，有腺毛状凸起。

生境与分布：苦草生于河流、湖泊、溪沟、池塘中。在我国各地均有分布；在伊拉克、印度、中南半岛、日本、马来西亚和澳大利亚亦有分布。

流域分布：贺江、浔江、桂江、漓江、柳江、左江、异龙湖、阳宗海、星云湖、抚仙湖

主要用途：全草入药，有清热解毒、止咳祛痰、养筋活血之功效，可治疗支气管炎、咽炎、扁桃体炎、关节疼痛等病症。是良好的水生观赏植物，也是植被恢复与水质净化的先锋植物。还可作鱼、鸭、猪等的饲料。

密刺苦草 *Vallisneria denseserrulata*（Makino）Makino

分类系统：

类别	名称	拉丁学名
界	植物界	Plantae
门	被子植物门	Angiospermae
纲	单子叶植物纲	Monocotyledoneae
目	沼生目	Helobiae
科	水鳖科	Hydrocharitaceae
属	苦草属	*Vallisneria*

生态类群：沉水植物

形态特征：多年生沉水草本植物。根茎直，褐色，须根多数；常从叶腋发出匍匐茎，黄白色，表面具微刺，节上生根和叶。叶基生，线形，深绿色，叶缘具密钩刺，主脉明显平行，具平行细脉多条及横脉。雌雄异株；雄佛焰苞三角形，内含雄花多数；雄蕊 2 枚；雌佛焰苞圆筒状，苞内雌花 1 朵；萼片 3 枚，卵状匙形；雌蕊 1 枚；柱头 3 枚，基部有紫色斑纹；子房下位，三棱状圆柱形；胚珠多数，直立，珠被双层。果三棱状圆柱形；种子多数，无翅。花期 9～10 月。

生境与分布：密刺苦草生于湖泊、河流、溪沟、池塘之中。在我国产于广东、广西等省区；在日本也有分布。

流域分布：漓江

主要用途：为水族箱中常用布景植物。

水鳖 *Hydrocharis dubia*（Blume）Backer

分类系统:

类别	名称	拉丁学名
界	植物界	Plantae
门	被子植物门	Angiospermae
纲	单子叶植物纲	Monocotyledoneae
目	沼生目	Helobiae
科	水鳖科	Hydrocharitaceae
属	水鳖属	*Hydrocharis*

别名: 马尿花、水白、芣菜

生态类群: 浮叶植物

形态特征: 多年生浮叶草本植物。须根长而丛生。匍匐茎发达,节间长,顶端生芽。叶簇生,多漂浮,有时伸出水面;叶片心形或近圆形,先端圆,基部心形,全缘;叶柄长。雄花序腋生;雄佛焰苞2枚,具红紫色条纹,苞内雄花5～6朵,每次仅1朵开放;萼片3枚,离生,长椭圆形;花瓣3枚,黄色,广倒卵形或圆形;雄蕊12枚,成4轮排列;雌佛焰苞小,苞内雌花1朵;花瓣3枚,白色,基部黄色,广倒卵形至圆形。果实浆果状,球形至倒卵形;种子多数,椭圆形。花果期8～10月。

生境与分布: 水鳖生长于静水池沼、沟渠、稻田中。在我国东北、华中、华南地区及四川、云南、河北、陕西、山东、江苏、安徽、浙江、台湾等省有分布。

流域分布: 异龙湖、星云湖

主要用途: 全草入药,具清热利湿之功效,主治湿热带下。具有较强的水质净化能力,是水族布景和湿地公园水景的常见水生观赏植物。也可作鱼和牲畜饲料。

伊乐藻 *Elodea canadensis* Michx.

分类系统:

类别	名称	拉丁学名
界	植物界	Plantae
门	被子植物门	Angiospermae
纲	单子叶植物纲	Monocotyledoneae
目	沼生目	Helobiae
科	水鳖科	Hydrocharitaceae
属	伊乐藻属	*Elodea*

生态类群: 沉水植物

形态特征: 多年生沉水植物。茎圆柱形,细长有分枝,但间隔很长。休眠芽长卵圆形。苞叶多数,螺旋状紧密排列,狭披针形至披针形,白色或淡黄绿色。叶片线形,3片轮生,扭曲下弯,常具紫红色或黑色小斑点,叶缘有小锯齿。花雌雄异株;花序单生,无花梗;雄佛焰苞近球形;雄花萼片3枚,白色;花瓣3枚,白色或粉红色;雄蕊3枚;雄花成熟后自佛焰苞内放出,漂浮于水面开花。以休眠芽繁殖为主。花果期7～10月。

生境与分布: 伊乐藻在湖泊、河流等浅水区域植根于底床或漂浮水面生长。原产自美洲,我国从日本引种至太湖,在我国长江流域有栽培;也分布于欧亚大陆其他地区和北美洲。

流域分布: 抚仙湖

主要用途: 是水族箱的常用观赏植物。也是河蟹、虾类、食草性鱼类优良的天然饵料。亦可作湿地植被恢复和污水治理净化水质的先锋植物。

（四十）睡莲科 Nymphaeaceae

莲 *Nelumbo nucifera* Gaertn.

分类系统：

类别	名称	拉丁学名
界	植物界	Plantae
门	被子植物门	Angiospermae
纲	双子叶植物纲	Dicotyledoneae
目	毛茛目	Ranales
科	睡莲科	Nymphaeaceae
属	莲属	*Nelumbo*

别名：荷花、水芙蓉、菡萏、芙蕖、莲花

生态类群：挺水植物

形态特征：多年生水生草本植物。根状茎横生，肥厚，节间膨大，内有多数纵行通气孔道，节部缢缩。叶圆形，盾状，全缘稍呈波状；叶柄粗壮，圆柱形，中空；叶柄和花梗上有刺。花生于顶端，单生，挺出水面；花瓣红色、粉红色或白色，矩圆状椭圆形至倒卵形；花托在果期膨大，直径 5～10cm。坚果椭圆形或卵形，坚硬，成熟后黑褐色；种子卵形或椭圆形，种皮红色或白色。花期 6～8 月，果期 8～10 月。

生境与分布：莲生于相对稳定的水田、池塘、浅水湖泊及沼泽中。野生或栽培于我国南北各省份；在俄罗斯、朝鲜、日本、印度、越南、亚洲南部和大洋洲均有分布。

流域分布：异龙湖、杞麓湖、星云湖、抚仙湖

主要用途：我国十大名花之一，是重要的水生花卉植物，亦是重要的水生经济植物。全株可入药。莲子是营养滋补品；藕是蔬菜和制作藕粉的原材料；叶是茶的代用品，也可作食物包装材料。

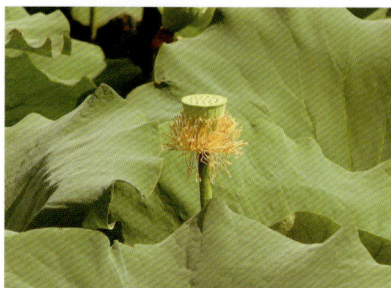

萍蓬草 *Nuphar pumila*

分类系统：

类别	名称	拉丁学名
界	植物界	Plantae
门	被子植物门	Angiospermae
纲	双子叶植物纲	Dicotyledoneae
目	毛茛目	Ranales
科	睡莲科	Nymphaeaceae
属	萍蓬草属	*Nuphar*

别名：黄金莲、萍蓬莲

生态类群：浮叶植物

形态特征：多年生水生草本植物。根状茎肥厚，横卧地上。叶纸质，宽卵形或卵形，基部开裂呈深心形，叶面绿而光亮，无毛，叶背密生柔毛；叶柄长，圆柱形，有柔毛。花单生于花梗顶端，漂浮水面；花梗长，有柔毛；萼片5枚，黄色，矩圆形或椭圆形，花瓣状；花瓣小，10～20枚，线形，黄色。浆果卵形；种子多数，矩圆形，褐色。花期5～7月，果期7～9月。

生境与分布：萍蓬草生于池塘、湖泊、河流、溪流中。在我国分布于广西、广东、黑龙江、吉林、河北、江苏、浙江、江西、福建等地；在日本、俄罗斯和欧洲其他国家也有分布。

流域分布：右江

主要用途：为园林造景的好材料，多用于湿地公园水景布置。耐污染能力强，在湖泊环境生态恢复工程中，可作为先锋植物进行配置和应用。根状茎药用，有强健体魄、净血作用。

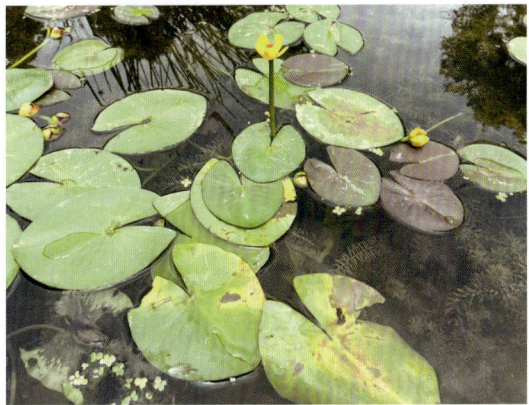

睡莲 *Nymphaea tetragona* Georgi

分类系统：

类别	名称	拉丁学名
界	植物界	Plantae
门	被子植物门	Angiospermae
纲	双子叶植物纲	Dicotyledoneae
目	毛茛目	Ranales
科	睡莲科	Nymphaeaceae
属	睡莲属	*Nymphaea*

别名：水芹花、午子莲

生态类群：浮叶植物

形态特征：多年生水生草本植物。根状茎粗短。叶纸质，圆心形或肾圆形，基部深弯缺约占叶片的1/3，全缘，叶面光亮，叶背带红色或紫色；叶柄长，叶浮于水面。花单生于细长花梗顶端，浮出水面；萼片4枚，基部四棱形；花瓣多数，白色，长圆形或倒卵形；雄蕊多数，比花瓣短；柱头5～8枚，放射状排列。浆果球形；种子椭圆形，黑色。花果期6～10月。

生境与分布：睡莲生长在池沼、湖泊、池塘中。原产自北非和东南亚热带地区，分布于我国各地；在除南极外的世界各地均有分布。

流域分布：右江、异龙湖、杞麓湖、星云湖

主要用途：为美丽的水生观赏植物。根状茎可食用或酿酒。全草可作绿肥，或入药用于治小儿惊风。

黄睡莲 *Nymphaea mexicana* Zucc.

分类系统：

类别	名称	拉丁学名
界	植物界	Plantae
门	被子植物门	Angiospermae
纲	双子叶植物纲	Dicotyledoneae
目	毛茛目	Ranales
科	睡莲科	Nymphaeaceae
属	睡莲属	*Nymphaea*

别名：墨西哥黄睡莲、墨西哥睡莲

生态类群：浮叶植物

形态特征：多年生水生草本植物。根状茎直立，块状。叶纸质，圆心形或肾圆形，基部深弯缺约占叶片的1/3，叶上面具暗褐色斑纹，下面具黑色小斑点；叶柄长，叶浮于水面。花单生于细长花梗顶端，挺出水面；萼片4枚，基部四棱形；花瓣多数，鲜黄色，长圆形或倒卵形；雄蕊多数，比花瓣短；柱头5～8枚，放射状排列。为聚合果或浆果，浆果球形；种子椭圆形，黑色。花果期6～10月。

生境与分布：黄睡莲生长在池沼、湖泊、池塘中。原产自墨西哥，在我国大部分地区有引种；在日本、朝鲜、印度、欧洲等地亦有引种栽培。

流域分布：异龙湖

主要用途：花叶可供观赏。

埃及蓝睡莲 *Nymphaea caerulea* Savigny

分类系统：

类别	名称	拉丁学名
界	植物界	Plantae
门	被子植物门	Angiospermae
纲	双子叶植物纲	Dicotyledoneae
目	毛茛目	Ranales
科	睡莲科	Nymphaeaceae
属	睡莲属	*Nymphaea*

别名：蓝莲花、蓝睡莲、南非睡莲、非洲睡莲、阿拉伯睡莲

生态类群：浮叶植物

形态特征：多年生水生草本植物。根状茎呈不规则球形。叶片近圆形或椭圆形，深裂至叶柄着生处，近全缘或分裂处多少有齿，浮于水面；叶正面绿色，背面有紫色斑点，光滑无毛；叶柄绿色，无毛。花蓝色，挺出水面；花瓣16～20枚，星状；萼片4枚，正面蓝紫色，背面绿色；雄蕊正面橘红，背面蓝色；雌蕊黄色；花梗褐绿色，光滑无毛。果为浆果。花期7～11月。

生境与分布：埃及蓝睡莲生长在池沼、湖泊、池塘中。原产自北非及埃及、墨西哥，在我国很多地区引种栽培；在国外分布于印度、越南、缅甸、泰国等地。

流域分布：星云湖

主要用途：花叶可供观赏。

（四十一）天南星科 **Araceae**

菖蒲 *Acorus calamus* L.

分类系统：

类别	名称	拉丁学名
界	植物界	Plantae
门	被子植物门	Angiospermae
纲	单子叶植物纲	Monocotyledoneae
目	天南星目	Arales
科	天南星科	Araceae
属	菖蒲属	*Acorus*

别名：香菖蒲、山菖蒲

生态类群：挺水植物

形态特征：多年生草本植物。根茎横走，稍扁，分枝；外皮黄褐色，芳香；肉质根多数，具毛发状须根。叶基生，叶片剑状线形，草质，绿色，光亮。肉穗花序斜向上或近直立，狭锥状圆柱形；花序柄三棱形；叶状佛焰苞剑状线形；花黄绿色；子房长圆柱形。浆果长圆形，红色。花期6～9月，果期8～10月。

生境与分布：菖蒲生于海拔2600m以下的池塘、湖泊、溪沟等岸边浅水区。在我国各地均有分布；在日本、俄罗斯、北美洲也有分布。

流域分布：杞麓湖、阳宗海

主要用途：根茎、叶、花入药，可开窍化痰、辟秽杀虫，主治神志不清、慢性气管炎、痢疾、肠炎、腹胀腹痛、食欲不振、风寒湿痹等病症。也可盆栽观赏或作布景用。菖蒲在中国传统文化中还被视作防疫驱邪的灵草，在民间端午节会与艾一起被放置门前，有辟邪寓意。

石菖蒲 *Acorus tatarinowii* Schott

分类系统：

类别	名称	拉丁学名
界	植物界	Plantae
门	被子植物门	Angiospermae
纲	单子叶植物纲	Monocotyledoneae
目	天南星目	Arales
科	天南星科	Araceae
属	菖蒲属	*Acorus*

别名： 山菖蒲、水剑草、药菖蒲

生态类群： 湿生植物、挺水植物

形态特征： 多年生草本植物。植株较矮小。平卧，芳香，外皮淡黄色，长 5 ～ 10cm。根茎较短，须根密集。叶基生，叶鞘膜质，棕色，叶片中部以下渐狭；叶片、线形极狭，绿色，无中肋。花序柄腋生；佛焰苞叶状，为肉穗花序长的 1 ～ 2 倍，稀近等长；肉穗花序圆柱形，黄绿色；花白色。果序粗大，黄绿色。花期 5 ～ 6 月，果期 7 ～ 8 月。

生境与分布： 石菖蒲多生于海拔 20 ～ 2600m 的溪流岩石上或林中湿地。在我国产于浙江、江西、湖北、湖南、广东、广西、陕西、甘肃、四川、贵州、云南、西藏等地；在印度、泰国、韩国、日本、菲律宾与印度尼西亚等国亦有分布。

流域分布： 北盘江、柳江、漓江、打狗河、响水河

主要用途： 根茎入药，有行气消肿、开窍醒神、理气活血、散风祛湿之功效，可治疗脘腹胀痛、热病神昏、健忘多梦、耳鸣耳聋、胃痛腹痛、风寒湿痹等症。

大藻 *Pistia stratiotes* L.

分类系统：

类别	名称	拉丁学名
界	植物界	Plantae
门	被子植物门	Angiospermae
纲	单子叶植物纲	Monocotyledoneae
目	天南星目	Arales
科	天南星科	Araceae
属	大藻属	*Pistia*

别名：母猪莲、水浮莲、水白菜

生态类群：漂浮植物

形态特征：多年生水生草本植物。须根羽状，发达，悬垂水中。叶簇生，莲座状，叶片倒卵状长楔形，先端截头状或浑圆，顶端钝圆则呈微波状，叶二面被白色柔毛，基部柔毛较浓密；叶脉扇状伸展；叶鞘托叶状。佛焰苞白色，外被茸毛；肉穗花序生于叶腋间；雌花1朵，贴生于佛焰苞；雄花2～8朵生于上部。花期5～11月。

生境与分布：大藻生于平静的淡水沟渠、湖边、稻田、流水和溪边。原产自美洲，在我国长江以南各省份均有分布；在南亚、东南亚、南美洲及非洲也有分布。

流域分布：苍海湖、贺江、桂江、漓江、柳江、邕江、左江、右江、异龙湖、杞麓湖、星云湖

主要用途：株形奇特，可供观赏，也可净化水体。还可作猪饲料。叶子入药，具祛风发汗、利尿解毒之功效，可治水肿、小便不利、湿疹、风湿病、皮肤瘙痒等病症。

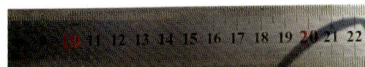

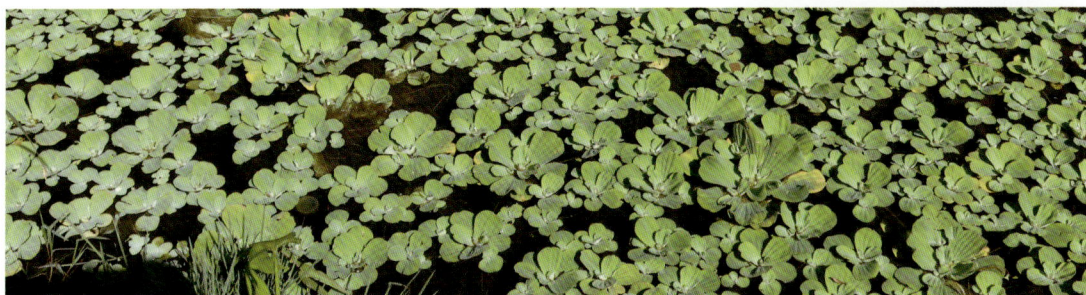

龟背竹 *Monstera deliciosa* Liebm.

分类系统:

类别	名称	拉丁学名
界	植物界	Plantae
门	被子植物门	Angiospermae
纲	单子叶植物纲	Monocotyledoneae
目	天南星目	Arales
科	天南星科	Araceae
属	龟背竹属	*Monstera*

别名:龟背蕉、蓬莱蕉、电线草
生态类群:湿生植物
形态特征:多年生攀援灌木。茎绿色,粗壮,有苍白色的半月形叶迹,具气生根。叶片大,轮廓心状卵形,表面淡绿色且发亮,背面绿白色,边缘为羽状分裂;叶柄长,绿色。肉穗花序近圆柱形,淡黄色;花序柄绿色,粗糙;佛焰苞宽卵形,舟状,近直立;雄蕊花丝线形,花粉黄白色;雌蕊陀螺状;柱头小,线形,黄色。浆果淡黄色。花期8~9月,果于翌年花期之后成熟。
生境与分布:龟背竹常栽种于河、湖岸边。原产自墨西哥,在各热带地区多有引种栽培供观赏;在我国福建、广西、广东、云南有露天栽培,在北京、湖北等地引种栽培于温室。
流域分布:邕江、漓江、郁江、异龙湖
主要用途:叶形奇特,可供观赏。果序味美可食,但常具麻味。

海芋 *Alocasia odora*

分类系统：

类别	名称	拉丁学名
界	植物界	Plantae
门	被子植物门	Angiospermae
纲	单子叶植物纲	Monocotyledoneae
目	天南星目	Arales
科	天南星科	Araceae
属	海芋属	*Alocasia*

别名： 野芋头、天荷、广东狼毒、大虫芋、老虎芋、毒芋头

生态类群： 湿生植物

形态特征： 多年生大型草本植物。植株高 3～5m，常绿。具匍匐根茎和直立的地上茎。叶互生，多数，叶片箭状卵形，草绿色，边缘波状；叶柄长，绿色或污紫色。肉穗花序芳香；花序柄 2～3 枚丛生，圆柱形，通常绿色，有时污紫色；雌花序白色，雄花序绿白色或淡黄色；佛焰苞卵形或短椭圆形。浆果红色，卵状；种子 1～2 粒。花期四季，但密阴林下常不开花。

生境与分布： 海芋常成片生长在海拔 1700m 以下的河谷、溪流岸边或林下潮湿地。在我国分布于江西、福建、台湾、湖南、广东、广西、四川、贵州、云南等地；自孟加拉国、印度东北部至马来半岛、中南半岛及菲律宾、印度尼西亚都有分布。

流域分布： 漓江、郁江、邕江、左江、右江、阳宗海、抚仙湖

主要用途： 根茎药用，有清热解毒、行气止痛、散结消肿之功效，可治疗流感、腹痛、肺结核、风湿关节炎、伤寒、虫蛇咬伤等病症。

犁头尖 *Typhonium blumei*

分类系统：

类别	名称	拉丁学名
界	植物界	Plantae
门	被子植物门	Angiospermae
纲	单子叶植物纲	Monocotyledoneae
目	天南星目	Arales
科	天南星科	Araceae
属	犁头尖属	*Typhonium*

别名：犁头七、山半夏

生态类群：湿生植物

形态特征：多年生草本植物。块茎近球形或椭圆形，褐色。叶柄基部鞘状、莺尾式排列，淡绿色；叶片绿色，戟状三角形，前裂片卵形，后裂片长卵形，外展。花序梗单一，生于叶腋，淡绿色；佛焰苞管部绿色，卵形；檐部绿紫色，卷成长角状；肉穗花序无柄，雌花序圆锥形，中性花序线形、淡绿色，雄花序橙黄色；雄花近无柄，长圆状倒卵形；雌花子房卵形，黄色；中性花线形，两头黄色，腰部红色。花期 5～7 月，果期 7～9 月。

生境与分布：犁头尖生于海拔 1200m 以下的山谷或低洼湿地。在我国产于浙江、江西、福建、湖南、广东、广西、四川、云南等地；在印度、缅甸、越南、泰国、日本均有分布。

流域分布：红水河

主要用途：块茎入药具有解毒消肿、散结止血之功效，可治疗毒蛇咬伤、痈疖肿毒、血管瘤、淋巴结结核、跌打损伤、外伤出血等。也可作盆栽观赏。

广西隐棒花 *Cryptocoryne crispatula var. balansae*

分类系统:

类别	名称	拉丁学名
界	植物界	Plantae
门	被子植物门	Angiospermae
纲	单子叶植物纲	Monocotyledoneae
目	天南星目	Arales
科	天南星科	Araceae
属	隐棒花属	*Cryptocoryne*

生态类群: 挺水植物

形态特征: 多年生水生草本植物。具根状茎。叶丛生,叶片线形,薄膜质,干时黑褐色,先端锐尖,基部楔形,全缘;叶柄明显,膜质,鞘状,干时稻黄色。佛焰苞短于叶,约20cm,不具花序的管部(上部)长16~18cm,粗约2.5mm;檐部螺状左旋,长3~4cm,线形,长渐尖,边缘浅波状。聚合浆果卵球形。

生境与分布: 广西隐棒花生长在河滩水边。为我国特有植物,在广西环江、罗城有见分布。

流域分布: 环江

主要用途: 全株药用,可用于治疗疟疾。因其独特的形态和色彩,可作为水族箱中的装饰植物供观赏。作为一种特有植物,也具有一定的科学研究价值。

隐棒花 *Cryptocoryne sinensis* Merr.

分类系统：

类别	名称	拉丁学名
界	植物界	Plantae
门	被子植物门	Angiospermae
纲	单子叶植物纲	Monocotyledoneae
目	天南星目	Arales
科	天南星科	Araceae
属	隐棒花属	*Cryptocoryne*

别名：沙滩草、发冷草、沙洲草

生态类群：挺水植物

形态特征：多年生水生草本植物。根状茎粗短，直立，侧根粗壮。叶多数，丛生，叶柄鞘状，膜质；叶片宽条形或线状长圆形，淡绿色，渐尖或钝，基部不明显地过渡为叶柄。花序柄短；佛焰苞包卷似长管状，管部含花序部分长圆状卵形，不含花部分圆柱形；檐部狭披针形，螺旋状扭曲上升；肉穗花序，基部雌花，上部雄花；子房长圆形，花柱短，柱头近圆形；合生心皮卵球形。花期11月至来年4月。

生境与分布：隐棒花喜生于海拔200～500m的河滩水边。为我国特有植物，分布于我国贵州、广西等地。

流域分布：漓江、洛清江

主要用途：根茎可作糊料，漂水去毒后可食。全株可作饲料。

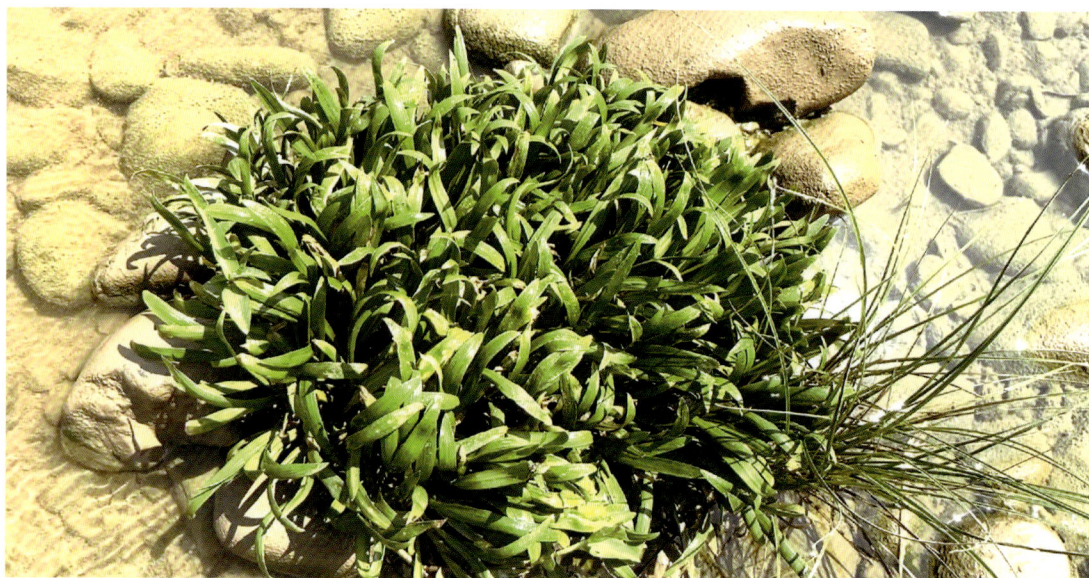

野芋 *Colocasia antiquorum* Schott

分类系统:

类别	名称	拉丁学名
界	植物界	Plantae
门	被子植物门	Angiospermae
纲	单子叶植物纲	Monocotyledoneae
目	天南星目	Arales
科	天南星科	Araceae
属	芋属	*Colocasia*

别名: 野芋头、红芋荷、老芋、野山芋

生态类群: 湿生植物

形态特征: 多年生草本植物。地下茎球形，具多数须根。叶片盾状卵形，表面黄绿色，略发亮，基部心形；前裂片宽卵形，锐尖；后裂片卵形，钝；基部弯缺为宽钝的三角形或圆形；叶柄直立，肥厚。花序柄比叶柄短许多；肉穗花序短于佛焰苞；佛焰苞苍黄色；具能育雄花序和附属器；子房具极短的花柱。浆果绿色，倒圆锥形或长圆形；种子多数，长圆形。花期 7～9 月。

生境与分布: 野芋生于水沟、溪流等浅水处或沼泽湿地。产于我国江南各地；在印度、马来半岛也有分布。

流域分布: 西江、黔江、红水河、澄江、柳江、郁江、贺江、桂江、漓江、左江、右江、北盘江、鲤鱼江、异龙湖、阳宗海

主要用途: 可作园林水景绿化植物。块茎入药，具解毒、消肿止痛之功效，外用可治无名肿毒、蛇虫咬伤、急性颈淋巴结炎等症。

紫芋 *Colocasia tonoimo*

分类系统：

类别	名称	拉丁学名
界	植物界	Plantae
门	被子植物门	Angiospermae
纲	单子叶植物纲	Monocotyledoneae
目	天南星目	Arales
科	天南星科	Araceae
属	芋属	*Colocasia*

生态类群：湿生植物

形态特征：多年生草本植物。植株可高达 1.2m。块茎粗厚，侧生小球茎，倒卵形，表面生褐色须根。叶片盾状，1～5 片，由块茎顶端生出，深绿色，基部弯缺，边缘波状；叶柄圆柱形，紫褐色。肉穗花序两性，雌花序长在基部；雄花序花黄色、顶部带紫色；佛焰苞绿色或紫色；子房绿色；柱头脐状凸出，黄绿色。胚珠多数、2 列，绿色或透明，半倒生或近直立，卵形。花期 7～9 月。

生境与分布：紫芋常生长在水沟、溪流岸边潮湿处和沼泽地。在我国各地均有栽培；自然分布于日本等地。

流域分布：柳江、融江、左江、鲤鱼江、阳宗海

主要用途：可供园林观赏。块茎入药具散结消肿、祛风解毒之功效，主治乳痈、无名肿毒、荨麻疹、疔疮、烧烫伤等。

芋 *Colocasia esculenta*（L.）Schott

分类系统：

类别	名称	拉丁学名
界	植物界	Plantae
门	被子植物门	Angiospermae
纲	单子叶植物纲	Monocotyledoneae
目	天南星目	Arales
科	天南星科	Araceae
属	芋属	*Colocasia*

别名：毛芋、水芋、毛芋、芋艿、芋头、台芋、红芋

生态类群：湿生植物

形态特征：多年生草本植物。块茎粗大，卵形，褐色，有纤毛。叶柄长于叶片，绿色，基部鞘状；叶片卵状，盾状着生，顶端短尖或短渐尖。花序柄常单生，短于叶柄；佛焰苞管部绿色，长卵形；檐部披针形或椭圆形，展开呈舟状，边缘内卷，淡黄色；肉穗花序短于佛焰苞，雌花序长圆锥状，中性花序细圆柱状，雄花序圆柱形；附属器钻形。果为浆果。花期 2 ～ 9 月。

生境与分布：芋多生于林下湿地、河流或溪边浅水中。在我国南北各省份有栽种；在埃及、菲律宾、印度尼西亚爪哇岛等热带地区也有分布。

流域分布：西江、北盘江、贺江、异龙湖

主要用途：块茎可作羹菜，也可代粮或制淀粉。块茎入药具调中补虚、壮骨益气、止痛消炎之功效，可治乳腺炎、痈肿疔疮、颈淋巴结核、烧烫伤等症。

（四十二）透骨草科 Phrymaceae

尼泊尔沟酸浆 *Erythranthe nepalensis*（**Benth.**）**G. L. Nesom**

分类系统:

类别	名称	拉丁学名
界	植物界	Plantae
门	被子植物门	Angiospermae
纲	双子叶植物纲	Dicotyledoneae
目	管状花目	Tubiflorae
科	透骨草科	Phrymaceae
属	沟酸浆属	*Erythranthe*

生态类群: 湿生植物

形态特征: 一年生草本植物。株高 20 ~ 30cm。茎四方形，多分枝，下部匍匐生根，棱上具窄翅。叶对生，卵形、卵状三角形至卵状矩圆形，先端急尖，基部截形，边缘具疏锯齿。花单生于叶腋；花萼圆筒形，果期肿胀成囊泡状；萼齿刺状，5 枚，细小；花冠漏斗状，黄色。蒴果椭圆形；种子卵圆形，具细微的乳头状突起。花果期 6 ~ 9 月。

生境与分布: 尼泊尔沟酸浆生于海拔 800 ~ 2200m 的水边、湿地。在我国分布于甘肃、浙江、江西、湖南、湖北、四川、贵州、云南、西藏、台湾、河南；在尼泊尔、印度和日本也有分布。

流域分布: 红水河、融江、柳江、贺江

主要用途: 可盆栽、地栽供观赏。嫩苗可食用。

（四十三）苋科　**Amaranthaceae**

喜旱莲子草　*Alternanthera philoxeroides*（**Mart.**）**Griseb.**

分类系统：

类别	名称	拉丁学名
界	植物界	Plantae
门	被子植物门	Angiospermae
纲	双子叶植物纲	Dicotyledoneae
目	中央种子目	Centrospermae
科	苋科	Amaranthaceae
属	莲子草属	*Alternanthera*

别名：革命草、水花生、空心莲子草

生态类群：湿生植物、挺水植物、漂浮植物

形态特征：多年生草本植物。茎中空，基部匍匐，上部上升，管状，具分枝，不明显 4 棱，节节生根，节腋处疏生细柔毛。叶对生，矩圆形、矩圆状倒卵形或倒卵状披针形，全缘；叶柄无毛或微有柔毛。头状花序单生于叶腋，花密生，球形；具总花序梗；苞片及小苞片白色；雄蕊 5 枚；子房倒卵形，具短柄；柱头头状。花期 5～10 月。

生境与分布：喜旱莲子草水陆干湿皆可生长，常生于海拔 50～2700m 的水田、沟渠、池沼、湖泊、河流中。原产自巴西，在我国南北各地均有分布；还分布于亚洲的其他地区及美洲许多国家和澳大利亚的许多地区。

流域分布：西江干支流

主要用途：全草入药，具有清热利尿、凉血解毒之功效，可治疗咳血、尿血、感冒发热、淋浊、麻疹、湿疹等疾病。也可作饲料。

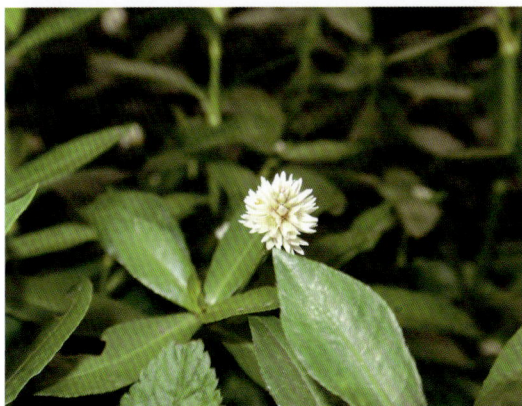

莲子草 *Alternanthera sessilis*（L.）DC.

分类系统：

类别	名称	拉丁学名
界	植物界	Plantae
门	被子植物门	Angiospermae
纲	双子叶植物纲	Dicotyledoneae
目	中央种子目	Centrospermae
科	苋科	Amaranthaceae
属	莲子草属	*Alternanthera*

别名：虾钳菜、节节花、水牛膝、鲨脚菜

生态类群：湿生植物、挺水植物、漂浮植物

形态特征：多年生草本植物。株高10～45cm。根粗。茎上升或匍匐，绿色或稍带紫色。叶片条状披针形、矩圆形、倒卵形或卵状矩圆形，全缘或有不明显锯齿；叶柄无毛或有柔毛。头状花序腋生，花密生；无总花梗；苞片及小苞片白色；雄蕊3枚。胞果倒心形，侧扁，翅状，深棕色；种子卵球形。花期5～7月，果期7～9月。

生境与分布：莲子草生于水沟、水田、塘边或沼泽潮湿处。在我国产于云南、贵州、福建、台湾、广东、广西、安徽、江苏、浙江、江西、湖南、湖北、四川等地；在印度、缅甸、越南、马来西亚、菲律宾等地亦有分布。

流域分布：红水河、黔江、南盘江、漓江、柳江、洛清江、郁江、邕江、左江、右江、北盘江、异龙湖、阳宗海

主要用途：全草入药，具有散瘀消毒、清火退热之功效，可治牙痛、痢疾等症。可作青饲料。嫩叶可作为野菜食用。

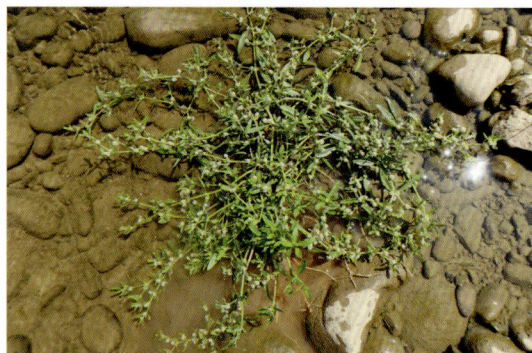

红莲子草 *Alternanthera bettzickiana*（Regel）G. Nicholson

分类系统：

类别	名称	拉丁学名
界	植物界	Plantae
门	被子植物门	Angiospermae
纲	双子叶植物纲	Dicotyledoneae
目	中央种子目	Centrospermae
科	苋科	Amaranthaceae
属	莲子草属	*Alternanthera*

别名：红节节草、红棕草、五色草、红绿草、红草、锦绣苋

生态类群：湿生植物、挺水植物

形态特征：一年生或多年生草本植物。茎直立或基部匍匐，多分枝，上部四棱形，下部圆柱形。叶对生，长圆形、长圆状倒卵形或匙形，边缘皱波状，绿色或红色，或部分绿色，夹杂红色或黄色斑纹；叶柄具柔毛。头状花序顶生及腋生；无总花梗；苞片及小苞片卵状披针形；雄蕊5枚；子房无毛。果实不发育。花期8～9月。

生境与分布：红莲子草喜生于温暖湿润的气候环境，不耐寒，适宜生长于富含腐殖质、疏松肥沃的砂质壤土。原产于巴西，在我国长江以南地区有栽培，在野外为逸生。

流域分布：樟江、柳江

主要用途：全草入药，具有清热解毒、散瘀止血之功效，主治跌打损伤、结膜炎、痢疾等病症。也可作为水边湿地美化植物。

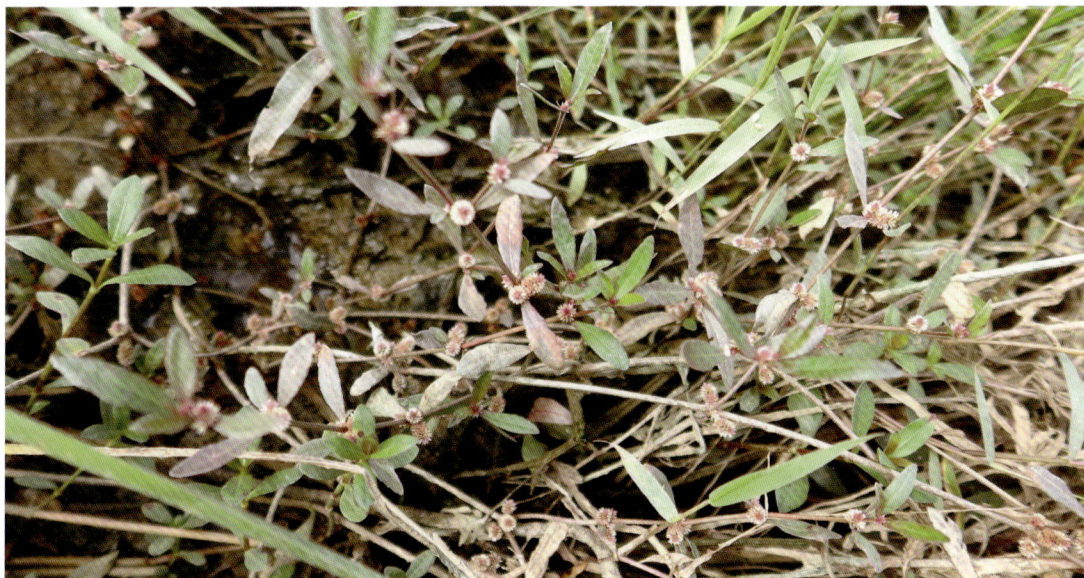

（四十四）香蒲科 Typhaceae

香蒲 *Typha orientalis* C. Presl

分类系统：

类别	名称	拉丁学名
界	植物界	Plantae
门	被子植物门	Angiospermae
纲	单子叶植物纲	Monocotyledoneae
目	露兜树目	Pandanales
科	香蒲科	Typhaceae
属	香蒲属	*Typha*

别名：东方香蒲、毛蜡烛、猫尾草、蒲菜、水蜡烛

生态类群：挺水植物

形态特征：多年生水生草本植物。株高1.5～2m。根状茎乳白色；地上茎直立粗壮，向上渐细。叶片条形，光滑无毛，上部扁平，下部腹面微凹，背面凸起；叶鞘抱茎。穗状花序圆锥状，雌雄花序紧密连接；雄花序在上，花序轴具白色弯曲柔毛，自基部向上具1～3枚叶状苞片，花后脱落；雌花序在下，基部具1枚叶状苞片，花后脱落。小坚果椭圆形至长椭圆形；果皮具长形褐色斑点；种子褐色，微弯。花果期5～8月。

生境与分布：香蒲生于海拔700～2100m的沟渠、池塘、湖泊、沼泽湿地及河流缓流带。在我国产于东北地区和河北、山西、河南、陕西、安徽、江苏、浙江、江西、广东、云南、台湾等省区；在菲律宾、日本、俄罗斯及大洋洲均有分布。

流域分布：右江、异龙湖、抚仙湖

主要用途：常用于园林绿化观赏。作为重要的水生经济植物，花粉入药可消炎止血祛瘀；叶片可用于编织、造纸；幼叶基部和根状茎先端可作蔬食；雌花序可作枕芯和坐垫的填充物。

小香蒲 *Typha minima* Funk ex Hoppe

分类系统：

类别	名称	拉丁学名
界	植物界	Plantae
门	被子植物门	Angiospermae
纲	单子叶植物纲	Monocotyledoneae
目	露兜树目	Pandanales
科	香蒲科	Typhaceae
属	香蒲属	*Typha*

生态类群：挺水植物

形态特征：多年生水生草本植物。根状茎姜黄色，地上茎细弱矮小，高 16 ～ 65cm。叶基生，鞘状，无叶片。穗状花序，雌雄花序远离；雄花序长 3 ～ 8cm，雌花序长 1.6 ～ 4.5cm；雄花无被，雄蕊 1 枚单生或 2 ～ 3 枚合生；雌花具小苞片；孕性雌花头条形，子房纺锤形；不孕雌花子房倒圆锥形。小坚果椭圆形，纵裂，果皮膜质；种子椭圆形，黄褐色。花果期 5 ～ 8 月。

生境与分布：小香蒲多生于池塘、水泡子、河漫滩浅水处或低洼湿地。在我国产于东北、华北、西北和西南等地区；在亚洲北部地区及巴基斯坦、欧洲等地也有分布。

流域分布：郁江、福禄河

主要用途：可用于盆栽、造纸和编织。花粉入药具止血、祛瘀、利尿之功效。

水烛 *Typha angustifolia* L.

分类系统：

类别	名称	拉丁学名
界	植物界	Plantae
门	被子植物门	Angiospermae
纲	单子叶植物纲	Monocotyledoneae
目	露兜树目	Pandanales
科	香蒲科	Typhaceae
属	香蒲属	*Typha*

别名：蒲草、水蜡烛、狭叶香蒲、蒲包草、野蜡烛

生态类群：挺水植物

形态特征：多年生挺水或沼生草本植物。株高1.5～3m。根状茎乳黄色、灰黄色；地上茎直立粗壮。叶片狭条形，上部扁平，中部以下腹面微凹，背面隆起呈凸形；叶鞘抱茎。穗状花序圆柱状；花单性，雌雄同序，雄花序在上部，雌雄花序相距2.5～6.9cm；雄花序轴具褐色扁柔毛，具叶状苞片1～3枚，花后脱落；雌花序具1枚叶状苞片，比叶片宽，花后脱落。小坚果长椭圆形，具褐色斑点，纵裂；种子深褐色。花果期6～9月。

生境与分布：水烛生于湖泊、河流、沼泽、沟渠、池塘浅水处。在我国南北各地均有分布；在尼泊尔、印度、巴基斯坦、日本、欧洲、美洲及大洋洲等地亦有分布。

流域分布：漓江、右江、福禄河、樟江、异龙湖、杞麓湖、阳宗海、星云湖、抚仙湖

主要用途：是水景花卉植物，可供观赏。全草入药，具补肾固精、止血消炎之功效。

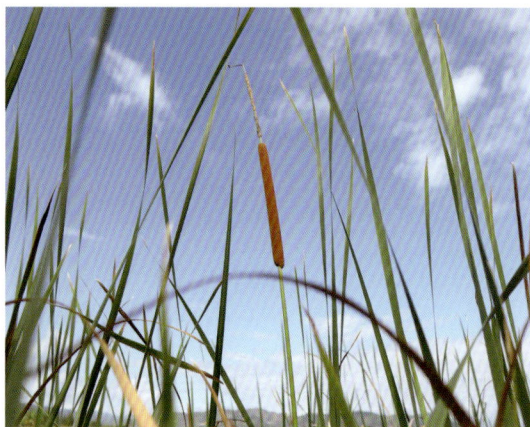

（四十五）小二仙草科 **Haloragaceae**

粉绿狐尾藻 *Myriophyllum aquaticum*（Vell.）Verdc.

分类系统:

类别	名称	拉丁学名
界	植物界	Plantae
门	被子植物门	Angiospermae
纲	双子叶植物纲	Dicotyledoneae
目	桃金娘目	Myrtiflorae
科	小二仙草科	Haloragaceae
属	狐尾藻属	*Myriophyllum*

别名: 大聚藻、羽毛草

生态类群: 挺水植物、沉水植物

形态特征: 多年生水生草本植物。植株长 50 ～ 80cm。根状茎生于泥中；茎呈半蔓性，能匍匐湿地生长，上部直立，下部沉水，分枝多。叶 5 ～ 7 片轮生，叶片圆扇形，一回羽状，嫩绿色；挺水叶呈羽毛状，匍匐在水面上；沉水叶丝状，黄绿色或朱红色。穗状花序顶生；雌雄同株或异株，白色或淡红色。核果为坚果状，具 4 条凹沟。花期 7 ～ 9 月。

生境与分布: 粉绿狐尾藻常生于水田、溪流、池塘、湖泊、河流。原产自南美洲，在我南北各地均有分布。

流域分布: 异龙湖、杞麓湖、星云湖、抚仙湖

主要用途: 水生观赏植物，可栽种于公园、风景区的水体内或水岸边湿地供观赏。也可作为水质净化和水生植物恢复的先锋物种。

穗状狐尾藻 *Myriophyllum spicatum* L.

分类系统：

类别	名称	拉丁学名
界	植物界	Plantae
门	被子植物门	Angiospermae
纲	双子叶植物纲	Dicotyledoneae
目	桃金娘目	Myrtiflorae
科	小二仙草科	Haloragaceae
属	狐尾藻属	*Myriophyllum*

别名：穗花狐尾藻、泥茜、聚草

生态类群：沉水植物

形态特征：多年生沉水草本植物。根状茎生于泥中，节生须根；茎圆柱形，多分枝。叶通常4～6片轮生，丝状全裂，无叶柄；水上叶互生，披针形，鲜绿色。苞片羽状篦齿状分裂；穗状花序顶生或腋生，生于水面之上；雌雄同株；花单性或杂性，雌雄同株，单生于水上叶腋内，通常具4朵花，花无柄。果实呈广卵形，具4条浅沟。花期4～7月，果期8～10月。

生境与分布：穗状狐尾藻适应能力强，喜光，在各种水体中均能发育良好，生于河流、湖泊、池塘、河沟中。为世界广布种，在我国南北各地均有分布。

流域分布：红水河、浔江、苍海湖、贺江、桂江、漓江、柳江、异龙湖、杞麓湖、阳宗海、星云湖、抚仙湖

主要用途：全草入药，有清凉解毒、止痢之功效，可治慢性下痢。耐污能力强，常被用于水体绿化、水质净化工程。还可作猪、鱼、鸭的饲料。

轮叶狐尾藻 *Myriophyllum verticillatum* L.

分类系统：

类别	名称	拉丁学名
界	植物界	Plantae
门	被子植物门	Angiospermae
纲	双子叶植物纲	Dicotyledoneae
目	桃金娘目	Myrtiflorae
科	小二仙草科	Haloragaceae
属	狐尾藻属	*Myriophyllum*

别名：轮生狐尾藻、狐尾藻

生态类群：沉水植物

形态特征：多年生沉水草本植物。根状茎生于泥中，节生须根；茎圆柱形，多分枝。叶通常4或3片轮生，无柄，裂片细线状。苞片羽状篦齿形；花单生于水上叶的叶腋，通常具4朵花；雌雄同株，雄花萼片4裂，花瓣4枚，倒披针形；雌花萼筒壶状。果实呈四方形，具4条浅沟。

生境与分布：轮叶狐尾藻喜生于池塘、河沟、沼泽中，常与穗状狐尾藻混在一起。为世界广布种，在我国南北各地均有分布；在全球广泛分布。

流域分布：漓江

主要用途：常用作水质净化和水生植被恢复的先锋物种。也可作沉水景观栽培供观赏。还为养猪、养鱼、养鸭的饲料。

（四十六）玄参科 Scrophulariaceae

假马齿苋 *Bacopa monnieri*（L.）Wettst.

分类系统：

类别	名称	拉丁学名
界	植物界	Plantae
门	被子植物门	Angiospermae
纲	双子叶植物纲	Dicotyledoneae
目	管状花目	Tubiflorae
科	玄参科	Scrophulariaceae
属	假马齿苋属	*Bacopa*

别名：小对叶草、过长沙

生态类群：湿生植物

形态特征：一年生或多年生草本植物。茎匍匐，节上生根，肉质，体态极似马齿苋。叶对生，矩圆状倒披针形；叶无柄。花单生叶腋，具花梗，萼下有一对条形小苞片；花冠蓝色、紫色或白色；雄蕊4枚；柱头头状。蒴果长卵状，4裂，包在宿存的花萼内；种子椭圆状，黄棕色，表面具纵条棱。花期5～10月。

生境与分布：假马齿苋生长于水边、湿地及沙滩上。在我国分布于广西、广东、云南、台湾、福建等热带地区；在全球热带地区广泛分布。

流域分布：异龙湖

主要用途：全草入药，有消肿之效。也可供观赏。

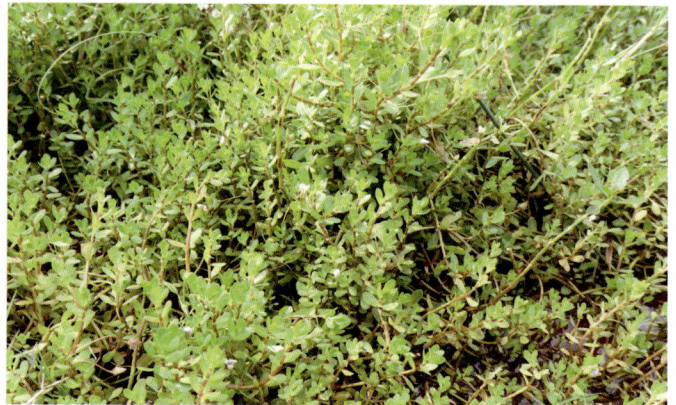

泥花草 *Lindernia antipoda*（L.）Alston

分类系统：

类别	名称	拉丁学名
界	植物界	Plantae
门	被子植物门	Angiospermae
纲	双子叶植物纲	Dicotyledoneae
目	管状花目	Tubiflorae
科	玄参科	Scrophulariaceae
属	母草属	*Lindernia*

别名：鸡蛋头棵

生态类群：湿生植物

形态特征：一年生草本植物。株高10～30cm。根须状。茎匍匐生长，少直立，多分枝；节上生根茎枝有沟纹，无毛。叶对生，长圆形至长圆状倒披针形，基部下延为宽短叶柄，边缘有疏钝齿或近全缘。总状花序，花单生于茎枝之顶，含花2～20朵；苞片钻形；花冠淡紫色。蒴果圆柱形，顶端渐尖，长为宿萼的2倍或更多；种子为三棱状卵形，褐色。花果期8～10月。

生境与分布：泥花草生于沟边、田边、水边及草甸湿地。在我国分布于云南、四川、贵州、广西、广东、湖南、湖北、安徽、江西、福建、浙江、江苏和台湾等省区；在从印度到澳大利亚北部的热带和亚热带地区亦有广泛分布。

流域分布：红水河、黔江、浔江、桂江、右江、福禄河

主要用途：为常见农田杂草。全草可药用，有清热解毒、利湿祛湿、抗过敏、抗肿瘤、抗菌消炎之功效，可治疗咽喉肿痛、口腔溃疡、肝炎、肝硬化、水肿、细菌感染和湿疹等病症。

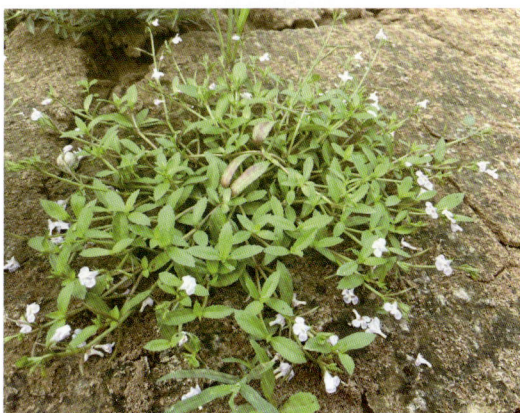

水苦荬 *Veronica undulata* **Wall. ex Jack**

分类系统：

类别	名称	拉丁学名
界	植物界	Plantae
门	被子植物门	Angiospermae
纲	双子叶植物纲	Dicotyledoneae
目	管状花目	Tubiflorae
科	玄参科	Scrophulariaceae
属	婆婆纳属	*Veronica*

别名：水菠菜、水莴苣、接骨桃、芒种草

生态类群：湿生植物、挺水植物

形态特征：一年生或二年生草本植物。茎高 25～90cm，直立，富肉质，中空。叶对生，长圆状披针形或长圆状卵圆形，全缘或具波状齿，基部呈耳廓状微抱茎；叶无柄。总状花序腋生，疏花；苞片椭圆形；花有梗；花冠淡紫色或白色；雄蕊 2 枚；雌蕊 1 枚。蒴果近圆形，当小虫寄生后果实常膨大成圆球形；种子细小，长圆形。花期 4～6 月。

生境与分布：水苦荬生长于水田、溪边、水边湿地及沼泽地。在我国分布于除内蒙古、宁夏、青海、西藏外的各地；在朝鲜、日本、尼泊尔、印度和巴基斯坦的北部也有分布。

流域分布：南盘江、樟江、抚仙湖

主要用途：全草入药，具清热利湿、止血化瘀之功效，可用于治疗感冒、咽喉疼痛、劳伤咳血、痢疾、月经不调、跌打红肿等病症。

北水苦荬 *Veronica anagallis-aquatica* **L.**

分类系统：

类别	名称	拉丁学名
界	植物界	Plantae
门	被子植物门	Angiospermae
纲	双子叶植物纲	Dicotyledoneae
目	管状花目	Tubiflorae
科	玄参科	Scrophulariaceae
属	婆婆纳属	*Veronica*

别名：仙桃草

生态类群：湿生植物、挺水植物

形态特征：多年生（稀为一年生）草本植物。植株高 10～100cm。根茎斜走。茎直立或基部倾斜，不分枝或分枝。叶无柄，上部的半抱茎，多为椭圆形或长卵形，少为卵状矩圆形，更少为披针形，全缘或有疏而小的锯齿。花序比叶长，多花；花梗与苞片近等长，上升，与花序轴成锐角。蒴果近圆形，长宽近相等，几与宿存花萼等长，顶端圆钝而微凹，宿存。花果期 4～9 月。

生境与分布：北水苦荬生于海拔 4000m 以下的水边及沼地。在我国广泛分布于长江以北及西南各地和江苏、浙江、江西等省；在亚洲温带地区及欧洲广泛分布。

流域分布：红水河、抚仙湖

主要用途：可与其他水生花卉搭配组成景观供观赏。嫩茎叶可供蔬食。全草入药，有清热利湿、活血止血、消肿解毒之功效，可治疗感冒、咽喉肿痛、痢疾、血淋、劳伤咳血、血小板减少性紫癜、月经不调、跌打损伤、痈疮肿毒等。

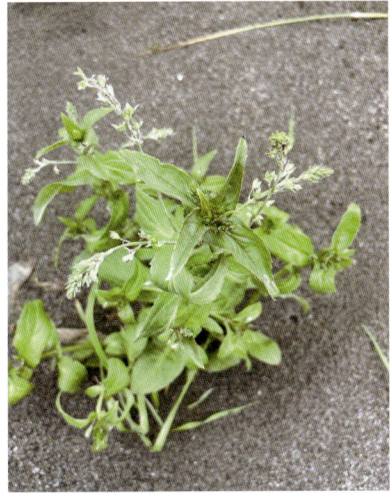

陌上菜 *Lindernia procumbens*（Krock.）Borbas

分类系统：

类别	名称	拉丁学名
界	植物界	Plantae
门	被子植物门	Angiospermae
纲	双子叶植物纲	Dicotyledoneae
目	管状花目	Tubiflorae
科	玄参科	Scrophulariaceae
属	母草属	*Lindernia*

别名： 白胶墙、白猪母菜、六月雪、陌上草

生态类群： 湿生植物

形态特征： 一年生草本植物。植株高 5 ～ 20cm。根细密成丛。茎基部多分枝，无毛。叶椭圆形或长圆形，稍带菱形，先端钝或圆，全缘或有不明显钝齿，两面无毛，叶脉并行，自叶基发出 3 ～ 5 条；无叶柄。花单生于叶腋，花梗纤细，比叶长，无毛；花冠粉红色或紫色，向上渐扩大。蒴果球形或卵球形，与萼近等长或略过之，室间 2 裂；种子多数，有格纹。花期 7 ～ 10 月，果期 9 ～ 11 月。

生境与分布： 陌上菜生长于水边及潮湿处。在我国产于华中地区及四川、云南、贵州、广西、广东、浙江、江苏、安徽、河北、吉林、黑龙江等省区；欧洲南部至日本，南至马来西亚也有分布。

流域分布： 西江、浔江、黔江、红水河、桂江、柳江、贺江、北盘江

主要用途： 全草入药，有清肝泻火、凉血解毒、消炎退肿之功效，可治肝火上炎、湿热泻痢、红肿热毒、痔疮肿痛等症。

母草 *Lindernia crustacea*（L.）**F. Muell**

分类系统：

类别	名称	拉丁学名
界	植物界	Plantae
门	被子植物门	Angiospermae
纲	双子叶植物纲	Dicotyledoneae
目	管状花目	Tubiflorae
科	玄参科	Scrophulariaceae
属	母草属	*Lindernia*

别名：蛇通管、四方草、铺地莲、开怀草、气痛草

生态类群：湿生植物

形态特征：一年生草本植物。植株高 10 ～ 20cm。具须状根。茎常铺散成密丛，多分枝，枝弯曲上升，微方形，有深沟纹，无毛。叶片三角状卵形或宽卵形，顶端钝或短尖，基部宽楔形或近圆形，边缘有浅钝锯齿；具叶柄。花单生于叶腋或在茎枝之顶成极短的总状花序；花梗细弱，有沟纹；花冠紫色。蒴果椭圆形，与宿萼近等长；种子近球形，浅黄褐色，有明显的蜂窝状瘤突。花果期全年。

生境与分布：母草生长于水田、草地低湿处。在我国产于华中、华南、西南地区及浙江、江苏、安徽、台湾等省；在全球分布于俄罗斯、朝鲜、日本及热带亚洲、非洲和美洲。

流域分布：红水河、桂江、樟江

主要用途：全草入药，有清热利湿、活血止痛、解毒消炎之功效，可治感冒、急慢性细菌性痢疾、肝炎、肾炎水肿、肠炎、腹泻、消化不良、胃癌、乳痈、跌打、痈疖疗肿、蛇咬伤等。

长蒴母草 *Lindernia anagallis*（**Burm. f.**）**Pennell**

分类系统：

类别	名称	拉丁学名
界	植物界	Plantae
门	被子植物门	Angiospermae
纲	双子叶植物纲	Dicotyledoneae
目	管状花目	Tubiflorae
科	玄参科	Scrophulariaceae
属	母草属	*Lindernia*

别名：长果母草、双须蜈蚣

生态类群：湿生植物

形态特征：一年生草本植物。株高10～40cm。根须状。具根状茎；茎始简单，不久即分枝，下部匍匐长蔓，节上生根，有条纹。基部叶短柄；叶片三角状卵形、卵形或矩圆形，先端圆钝或急尖，基部截形或近心形，边缘浅圆齿。花单生于叶腋；花冠白色或淡紫色，上唇2浅裂，下唇3裂；雄蕊4枚，前端2枚的花丝在颈部有短棒状附属物。蒴果条状披针形；种子卵圆形，具疣状突起。

花期4～9月，果期6～11月。

生境与分布：长蒴母草生于海拔200～1600m的水田、沟边、溪旁及田野的较湿润处。在我国分布于广西、广东、四川、云南、贵州、湖南、江西、福建、台湾等省区；在亚洲其他地区、印度、澳大利亚也有分布。

流域分布：柳江、邕江、浔江、鲤鱼江、福禄河、贺江

主要用途：全草入药，有清肺利尿、清热利湿、活血止痛、消炎退肿之功效，可用于治疗风热目痛、痈疽肿毒、带下、淋病、腹泻等症。

通泉草 *Mazus pumilus*

分类系统：

类别	名称	拉丁学名
界	植物界	Plantae
门	被子植物门	Angiospermae
纲	双子叶植物纲	Dicotyledoneae
目	管状花目	Tubiflorae
科	玄参科	Scrophulariaceae
属	通泉草属	*Mazus*

别名：脓泡药、汤湿草、猪胡椒、野田菜、鹅肠草、绿蓝花、五瓣梅、猫脚迹、黄瓜香

生态类群：湿生植物

形态特征：一年生草本植物。株高 3～30cm。主根伸长，须根纤细。茎直立或倾斜，着地节上常生不定根，分枝多而披散。基生叶呈莲座状，倒卵状匙形至卵状倒披针形；茎生叶对生或互生。总状花序生于茎枝顶端，花疏稀，通常 3～20 朵；花萼钟状；花冠白色、紫色或蓝色，倒卵圆形。蒴果球形；种子小而多数，黄色，种皮上具网纹。花果期 4～10 月。

生境与分布：通泉草生长于海拔 2500m 以下的水田、沟边、潮湿地。分布于我国除内蒙古、宁夏、青海及新疆以外的各省份；在越南、俄罗斯、朝鲜、日本、菲律宾也有分布。

流域分布：北盘江、樟江、打狗河

主要用途：全草入药，具止痛、健胃、解毒消肿之功效，可用于治疗偏头痛、消化不良、疔疮、烫伤等。

中华石龙尾 *Limnophila chinensis*（Osbeck）**Merr.**

分类系统：

类别	名称	拉丁学名
界	植物界	Plantae
门	被子植物门	Angiospermae
纲	双子叶植物纲	Dicotyledoneae
目	管状花目	Tubiflorae
科	玄参科	Scrophulariaceae
属	石龙尾属	*Limnophila*

别名：蛤蟆草、过塘草、风肿草、华石龙尾
生态类群：湿生植物
形态特征：一年生或多年生湿生草本植物。茎高 5～50cm，简单或自基部分枝，下部匍匐而节上生根。叶对生或 3～4 片轮生，无柄，卵状披针形至条状披针形，少数为匙形，边缘具锯齿；上面近于无毛至疏被柔毛，下脉被长柔毛。花单生叶腋或排列成顶生的圆锥花序；萼在果实成熟时具凸起的条纹；花冠紫红色、蓝色，稀为白色。蒴果宽椭圆形，两侧扁，浅褐色。花果期 10 月至次年 5 月。
生境与分布：中华石龙尾生于海拔 50～350m 的山谷、溪边、水旁或田边湿地。在我国产于福建、海南、广东、广西、云南等地；在南亚、东南亚及澳大利亚也有分布。
流域分布：澄江
主要用途：可栽于水族箱中与其他花卉组成微型景观。茎叶可全部展开在台纸上制成工艺品。全草入药，有清热利尿、凉血解毒之功效，可治疗水肿、结膜炎、风疹、天疱疮、毒蛇及蜈蚣咬伤。

（四十七）旋花科 **Convolvulaceae**

蕹菜 *Ipomoea aquatic* **Forsskal**

分类系统：

类别	名称	拉丁学名
界	植物界	Plantae
门	被子植物门	Angiospermae
纲	双子叶植物纲	Dicotyledoneae
目	管状花目	Tubiflorae
科	旋花科	Convolvulaceae
属	番薯属	*Ipomoea*

别名：空心菜、通菜蓊、蓊菜、藤藤菜、通菜

生态类群：湿生植物

形态特征：一年生草本植物。茎圆柱形，中空，具节，节上生根，蔓生或漂浮于水，无毛。叶片形状、大小变化大，卵形、长卵形、长卵状披针形或披针形，基部心形、戟形或箭形，全缘或波状；叶柄长 3～14cm。聚伞花序腋生，具 1～5 朵花；花冠白色、淡红色或紫红色，漏斗状；子房圆锥状，无毛。蒴果卵球形至球形；种子卵圆形，有细毛。花果期 8～11 月。

生境与分布：蕹菜蔓生或漂浮于水田、河沟浅水中，或生于湿润处。在我国中部及南部各省份常见栽培；在热带亚洲、非洲和大洋洲均有分布。

流域分布：桂江、漓江、右江

主要用途：可作为蔬菜食用。也可作饲料。全草入药，内服可解饮食中毒，外敷可治骨折、腹水及无名肿毒。

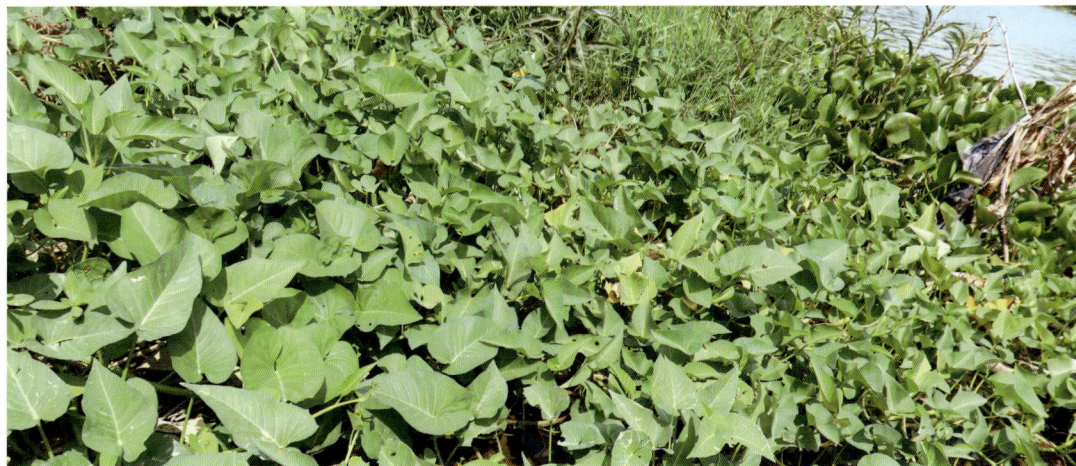

（四十八）荨麻科 **Urticaceae**

水麻 *Debregeasia orientalis* C. J. Chen

分类系统：

类别	名称	拉丁学名
界	植物界	Plantae
门	被子植物门	Angiospermae
纲	双子叶植物纲	Dicotyledoneae
目	荨麻目	Urticales
科	荨麻科	Urticaceae
属	水麻属	*Debregeasia*

别名：柳莓、沙连泡、比满、赤麻、水细麻

生态类群：湿生植物

形态特征：灌木。高 1～4m。小枝纤细，暗红色，常被白色短柔毛，后无毛。叶纸质或薄纸质，长圆状狭披针形或条状披针形，先端渐尖或短渐尖，基部圆或宽楔形，边缘有细齿，上面暗绿色，背面被白色或灰绿色毡毛，脉上疏生短柔毛。花雌雄异株，生于老枝叶腋，二回二歧分枝或二叉分枝，分枝顶端生球状团伞花簇。瘦果小浆果状，倒卵形，鲜时橙黄色；宿存花被肉质贴生于果。花期 3～4 月，果期 5～7 月。

生境与分布：水麻生于海拔 300～2800m 的溪谷、河流两岸潮湿地区。在我国分布于广西、四川、贵州、湖北、湖南、云南、西藏、甘肃、陕西、台湾等地；在日本也有分布。

流域分布：红水河、南盘江、柳江、樟江

主要用途：是我国南部与西部地区常用的一种野生纤维植物，果可食，叶可作饲料。

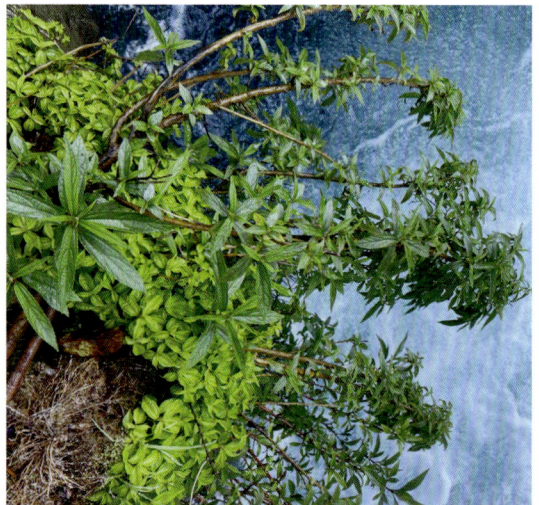

五蕊糯米团 *Gonostegia pentandra*（Roxb.）Miq.

分类系统：

类别	名称	拉丁学名
界	植物界	Plantae
门	被子植物门	Angiospermae
纲	双子叶植物纲	Dicotyledoneae
目	荨麻目	Urticales
科	荨麻科	Urticaceae
属	糯米团属	*Gonostegia*

别名：狭叶糯米团、异叶糯米团

生态类群：湿生植物

形态特征：亚灌木。高约 50cm。茎中上部有 4 条纵棱，沿棱有极短的曲伏毛，上部节间极短，节密集。茎下部叶对生，具极短柄，上部叶互生，无柄；叶片纸质，下部叶狭披针形或条状披针形，上部叶披针形或三角状狭卵形，顶端微尖，基部圆形或不明显浅心形，边缘全缘，有短睫毛，两面无毛。团伞花序生茎上部叶腋，两性，有少数或多数花。瘦果卵球形，黑色，有光泽。花期夏季至冬季。

生境与分布：五蕊糯米团生于丘陵较阴湿处。在我国分布于广东、广西、海南、台湾、云南等省区；在印度、印度尼西亚和菲律宾也有分布。

流域分布：澄江

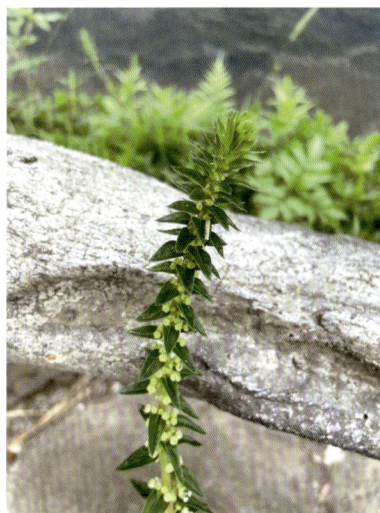

（四十九）鸭跖草科 Commelinaceae

鸭跖草 *Commelina communis* L.

分类系统：

类别	名称	拉丁学名
界	植物界	Plantae
门	被子植物门	Angiospermae
纲	单子叶植物纲	Monocotyledoneae
目	鸭跖草目	Commelinales
科	鸭跖草科	Commelinaceae
属	鸭跖草属	*Commelina*

别名： 淡竹叶、竹叶菜、翠蝴蝶、兰花草、鸭儿草、竹芹菜

生态类群： 湿生植物

形态特征： 一年生草本植物。茎匍匐生根，多分枝，长可达 1m，下部无毛，上部被短毛。叶披针形至卵状披针形。总苞片佛焰苞状，心形；聚伞花序，下面一枝有 1 朵不育花，上面一枝有 3～4 朵花；具短花梗；萼片膜质，内面 2 枚常靠近或合生；花瓣深蓝色。蒴果 2 室，椭圆形；种子 4 粒，棕黄色，具不规则窝孔。花果期夏秋季。

生境与分布： 鸭跖草常生长在田间、水沟、河流岸边湿地。在我国自然分布于云南、四川及甘肃以东的南北各省份；在越南、朝鲜、日本、俄罗斯、北美洲也有分布。

流域分布： 西江、浔江、黔江、红水河、南盘江、贺江、桂江、漓江、柳江、郁江、左江、右江、北盘江、异龙湖、阳宗海

主要用途： 全草入药，具消肿利尿、清热解毒之功效，可用于治疗麦粒肿、咽炎、扁桃腺炎、宫颈糜烂、蝮蛇咬伤等。

饭包草 *Commelina benghalensis* L.

分类系统：

类别	名称	拉丁学名
界	植物界	Plantae
门	被子植物门	Angiospermae
纲	单子叶植物纲	Monocotyledoneae
目	鸭跖草目	Commelinales
科	鸭跖草科	Commelinaceae
属	鸭跖草属	*Commelina*

别名：火柴头、圆叶鸭跖草、竹叶菜、狼叶鸭跖草

生态类群：湿生植物

形态特征：多年生草本植物。茎披散，多分枝，长可达70cm，疏被柔毛；匍匐茎的节上生根。叶片卵形，具柄，全缘，边缘具毛，两面被短柔毛或疏长毛。总苞片佛焰苞状，漏斗形而压扁，被疏毛；聚伞花序数朵；萼片膜质，披针形；花瓣蓝色，圆形，内具2枚长爪。蒴果椭圆状，3室，腹面2室每室2粒种子，后面一室1粒种子；种子黑色，多皱，具不规则网纹。花期7～10月，果期11～12月。

生境与分布：饭包草常生长在海拔350～2300m的沟边、河边，以及阴湿地。在我国分布于华中、华南地区及云南、山东、河北、陕西、四川、安徽、江苏、浙江等省；在亚洲和非洲的热带、亚热带地区广泛分布。

流域分布：浔江、红水河、桂江、郁江、澄江

主要用途：全草入药，具清热解毒、利水消肿之功效，主治水肿、肾炎、小便短赤涩痛、赤痢、小儿肺炎、疔疮肿毒。也可盆栽供观赏。

（五十）眼子菜科 Potamogetonaceae

篦齿眼子菜 *Potamogeton pectinatus*

分类系统:

类别	名称	拉丁学名
界	植物界	Plantae
门	被子植物门	Angiospermae
纲	单子叶植物纲	Monocotyledoneae
目	沼生目	Helobiae
科	眼子菜科	Potamogetonaceae
属	眼子菜属	*Potamogeton*

别名: 龙须眼子菜、红线儿菹

生态类群: 沉水植物

形态特征: 多年生沉水草本植物。根茎发达,白色,具分枝,常于春末夏初至秋季在根茎和分枝顶端具卵形休眠芽体。茎纤细,近圆柱形,长可达2m,下部分枝稀疏,上部分枝稍密集。叶线形,基部与托叶贴生成鞘。穗状花序顶生,具花4~7轮,间断排列;花序梗与茎近等粗;花被片4枚,圆形或宽卵形。果实倒卵形。花果期5~10月。

生境与分布: 篦齿眼子菜生于海拔40~5200m的湖泊、河沟、水渠、池塘等各类水体中。分布于我国南北各省份;在全球分布,尤其在两半球温带水域较为常见。

流域分布: 南盘江、异龙湖、杞麓湖、星云湖、阳宗海、抚仙湖

主要用途: 全草可入药,具有清热解毒之功效,可用于治疗肺炎、疮疖。此外,还可作鱼和水禽的饲料,也可以作绿肥。

穿叶眼子菜 *Potamogeton perfoliatus* **L.**

分类系统：

类别	名称	拉丁学名
界	植物界	Plantae
门	被子植物门	Angiospermae
纲	单子叶植物纲	Monocotyledoneae
目	沼生目	Helobiae
科	眼子菜科	Potamogetonaceae
属	眼子菜属	*Potamogeton*

别名：抱茎眼子菜

生态类群：沉水植物

形态特征：多年生沉水草本植物。具发达的根茎，节处生有须根，白色。茎圆柱形，上部多分枝。叶片卵形、卵状披针形或卵状圆形，无柄，呈耳状抱茎，边缘波状，具微齿；托叶膜质，无色，早落。穗状花序顶生，具花4～7轮；花小，花被片4枚，淡绿色或绿色；雌蕊4枚，离生。果实倒卵形，顶端具短喙，背部3脊，中脊稍锐，侧脊不明显。花果期5～10月。

生境与分布：穿叶眼子菜喜生于湖泊、池塘、沟渠、河流等静水和缓流水体。在我国各省份都有分布；也广泛分布于亚洲其他地区及欧洲、北美洲、南美洲、非洲和大洋洲。

流域分布：星云湖、抚仙湖、异龙湖

主要用途：为良好的食草性鱼类饵料。也有观赏价值，可用于水景布景。

光叶眼子菜 *Potamogeton lucens* L.

分类系统:

类别	名称	拉丁学名
界	植物界	Plantae
门	被子植物门	Angiospermae
纲	单子叶植物纲	Monocotyledoneae
目	沼生目	Helobiae
科	眼子菜科	Potamogetonaceae
属	眼子菜属	*Potamogeton*

生态类群: 沉水植物

形态特征: 多年生沉水草本植物。具根茎。茎圆柱形,上部多分枝,节间上部较下部短。叶互生,长椭圆形、卵状椭圆形至披针状椭圆形,先端尖锐,常具0.5～2cm长的芒状尖头,疏生微齿;无柄或具短柄;托叶大,绿色,与叶片离生。穗状花序顶生,具花多轮,密集;花序梗膨大呈棒状,较茎粗;花小,花被片4枚,绿色;雌蕊4枚,离生。果实卵形,背部3脊。花果期6～10月。

生境与分布: 光叶眼子菜生于湖泊、沟塘等静水水体中。在我国产于东北、华北、华东、西北地区及云南;为北半球广布种。

流域分布: 异龙湖

主要用途: 为良好的食草性鱼类饵料。也可用于水景布景,供观赏。

竹叶眼子菜 *Potamogeton wrightii*

分类系统：

类别	名称	拉丁学名
界	植物界	Plantae
门	被子植物门	Angiospermae
纲	单子叶植物纲	Monocotyledoneae
目	沼生目	Helobiae
科	眼子菜科	Potamogetonaceae
属	眼子菜属	*Potamogeton*

别名：马来眼子菜、箬子藻、凸尖眼子菜
生态类群：沉水植物
形态特征：多年生沉水草本植物。根茎发达，节处生须根，白色。茎圆柱形，不分枝或具少数分枝。叶长椭圆形或披针形，纵向卷缩或扭曲，无柄，先端渐尖，基部钝圆或楔形，边缘浅波状，具微齿；托叶抱茎，厚膜质，无色或淡绿色。穗状花序腋生或顶生，具花多轮，密集；花序梗与茎等粗；花小，花被片4枚，黄绿色；雄蕊4枚。果实倒卵形。花果期6～10月。

生境与分布：竹叶眼子菜生于湖泊、河流、灌渠、池塘等静水及流水水体中。在我国南北各省份均有分布；在俄罗斯、朝鲜、日本、东南亚各国及印度、西亚、非洲、澳大利亚、马利亚纳群岛等地也有分布。

流域分布：浔江、漓江、南盘江、异龙湖、杞麓湖、星云湖、阳宗海、抚仙湖
主要用途：药用具有清热解毒、利尿消积之功效，主治急性结膜炎、黄疸等症。也是食草性鱼类饵料。

扭叶眼子菜 *Potamogeton intortifolius* J. D. He et al.

分类系统：

类别	名称	拉丁学名
界	植物界	Plantae
门	被子植物门	Angiospermae
纲	单子叶植物纲	Monocotyledoneae
目	沼生目	Helobiae
科	眼子菜科	Potamogetonaceae
属	眼子菜属	*Potamogeton*

生态类群：沉水植物

形态特征：多年生沉水草本植物。根茎发达，节上生多数须根。茎圆柱形，不分枝或少分枝。叶全部沉水，长椭圆形或披针形，纵向卷缩或扭曲，无柄，先端渐尖，基部钝圆或楔形，边缘浅波状；托叶抱茎，托叶鞘开裂，厚膜质。穗状花序腋生，具花多轮，密集，花序梗与茎等粗；花小，黄绿色。果实为不对称卵形，两侧稍扁，中脊钝，喙向背后弯曲。花果期6～10月。

生境与分布：扭叶眼子菜生于低海拔的河流中。在我国分布于湖北宜昌。

流域分布：漓江

主要用途：叶片变化异常多样，栽于水族箱、玻璃缸中可供观赏。

微齿眼子菜 *Potamogeton maackianus* A. Bennett

分类系统：

类别	名称	拉丁学名
界	植物界	Plantae
门	被子植物门	Angiospermae
纲	单子叶植物纲	Monocotyledoneae
目	沼生目	Helobiae
科	眼子菜科	Potamogetonaceae
属	眼子菜属	*Potamogeton*

别名：黄丝草

生态类群：沉水植物

形态特征：多年生沉水草本植物。具根茎。茎细长，具分枝，近基部常匍匐，节处生须根。叶条形，无柄，基部与托叶贴生成短的叶鞘，叶缘疏生微齿；叶鞘抱茎，顶端具膜质小舌片。穗状花序顶生，具花 2～3 轮；花序梗与茎近等粗；花小，花被片 4 枚，淡绿色；雌蕊 4 枚。果实倒卵形，顶端具喙，背部 3 脊。花果期 6～9 月。

生境与分布：微齿眼子菜生于湖泊、池塘等静水水体中。在我国东北、华北、华东、华中及西南各地均有分布；在俄罗斯、朝鲜、日本也有分布。

流域分布：南盘江、异龙湖、阳宗海

主要用途：为良好的食草性鱼类饵料。全草入药，有清热解毒之功效，外用可治痈疖肿毒。

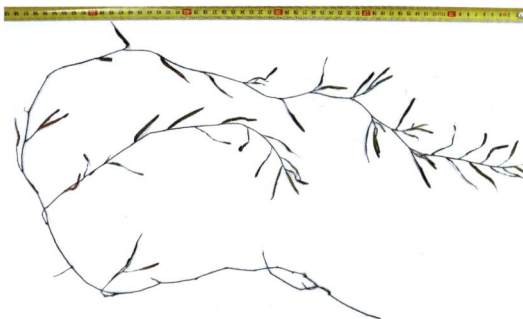

眼子菜 *Potamogeton distinctus* A. Bennett

分类系统：

类别	名称	拉丁学名
界	植物界	Plantae
门	被子植物门	Angiospermae
纲	单子叶植物纲	Monocotyledoneae
目	沼生目	Helobiae
科	眼子菜科	Potamogetonaceae
属	眼子菜属	*Potamogeton*

别名： 鸭子草、水上漂、水岸板、金梳子草

生态类群： 沉水植物、浮叶植物

形态特征： 多年生水生草本植物。根茎白色，多分枝，顶端具纺锤状休眠芽体，节处生须根。茎圆柱形，细长不分枝。浮水叶披针形、宽披针形至卵状披针形，叶脉多条，顶端连接；沉水叶披针形至狭披针形，草质，具柄，常早落；托叶膜质，顶端尖锐，呈鞘状抱茎。穗状花序顶生，具花多轮，开花时伸出水面，花后沉没水中；花小，绿色。果实宽倒卵形，略偏斜。花果期 5 ～ 10 月。

生境与分布： 眼子菜生于池塘、水田、水沟、河流浅水处静水中。广泛分布于我国南北大多数省份；在俄罗斯、朝鲜、日本等国家也有分布。

流域分布： 南盘江、抚仙湖

主要用途： 全草入药，有清热解毒、止血、消肿、驱蛔虫之功效，外用可治痈疖肿毒。也可盆栽供观赏。

菹草　*Potamogeton crispus* L.

分类系统：

类别	名称	拉丁学名
界	植物界	Plantae
门	被子植物门	Angiospermae
纲	单子叶植物纲	Monocotyledoneae
目	沼生目	Helobiae
科	眼子菜科	Potamogetonaceae
属	眼子菜属	*Potamogeton*

别名：虾藻、虾草、麦黄草

生态类群：沉水植物

形态特征：多年生沉水草本植物。具近圆柱形的根茎。茎稍扁，多分枝，近基部常匍匐地面，节处生须根。叶条形，无柄，基部与托叶合生，无叶鞘，叶缘呈浅波状，具细齿；托叶薄膜质，早落；休眠芽腋生，略似松果。穗状花序顶生，具花2～4轮，穗轴伸长后常稍不对称；花序梗棒状，较茎细；花小，花被片4枚，淡绿色。果实卵形，具齿牙。花果期4～7月。

生境与分布：菹草生于池塘、水沟、水田、灌渠等静水水体及缓流河水中。为世界广布种，在我国南北各省份均有分布。

流域分布：漓江、异龙湖、星云湖、阳宗海

主要用途：可作为湖泊、池沼、小水景中的良好绿化材料。也是食草性鱼类的良好天然饵料。

（五十一）杨柳科 Salicaceae

垂柳 *Salix babylonica* L.

分类系统：

类别	名称	拉丁学名
界	植物界	Plantae
门	被子植物门	Angiospermae
纲	双子叶植物纲	Dicotyledoneae
目	杨柳目	Salicales
科	杨柳科	Salicaceae
属	柳属	*Salix*

别名：水柳、垂丝柳、清明柳

生态类群：湿生植物

形态特征：落叶乔木。树高 12～18m。树冠开展而疏散；树皮灰黑色；枝细，下垂，淡褐黄色、淡褐色或带紫色。叶互生，狭披针形或线状披针形，上面绿色，下面色较淡，叶缘具齿；叶柄有短柔毛。花序先叶开放，或与叶同时开放；具雄花序和雌花序。蒴果 2 裂，带绿黄褐色；种子有毛。花期 3～4 月，果期 4～5 月。

生境与分布：垂柳耐水湿，也能生于干旱处，常栽种于河湖岸边或路旁。自然分布于我国长江流域与黄河流域，在其他各地均有栽培；在亚洲其他地区及欧洲、美洲各国也有分布。

流域分布：南盘江、郁江、右江、异龙湖、星云湖、阳宗海、杞麓湖、抚仙湖

主要用途：为优美的绿化树种。木材可制家具，枝条可编筐，树皮可提制栲胶，叶可作羊饲料。

（五十二）雨久花科　**Pontederiaceae**

梭鱼草　*Pontederia cordata* L.

分类系统：

类别	名称	拉丁学名
界	植物界	Plantae
门	被子植物门	Angiospermae
纲	单子叶植物纲	Monocotyledoneae
目	百合目	Liliiflorae
科	雨久花科	Pontederiaceae
属	梭鱼草属	*Pontederia*

别名：北美梭鱼草、海寿花

生态类群：挺水植物

形态特征：一至多年生草本植物。株高 80～150cm。地下茎粗壮，黄褐色。不定根须状，具多数根毛。叶基生，广心形或倒卵状披针形，深绿色；基生叶具圆筒形绿色叶柄。花葶直立，高出叶面；穗状花序顶生；小花 200 朵以上，密集，蓝紫色带黄斑点；花被裂片 6 枚，近圆形。蒴果膜质，初期绿色，成熟后褐色；种子椭圆形。花果期 5～10 月。

生境与分布：梭鱼草生长在 20cm 以下的浅水中，常生于水田、水沟、池塘、沼泽等静水及缓流水体中。原产自北美洲，在我国各地均有栽培。

流域分布：异龙湖、杞麓湖、星云湖、抚仙湖

主要用途：可作家庭盆栽、池栽、园林水景设置。

凤眼莲 *Eichhornia crassipes*

分类系统:

类别	名称	拉丁学名
界	植物界	Plantae
门	被子植物门	Angiospermae
纲	单子叶植物纲	Monocotyledoneae
目	百合目	Liliiflorae
科	雨久花科	Pontederiaceae
属	凤眼蓝属	*Eichhornia*

别名: 水葫芦、水浮莲、凤眼蓝

生态类群: 漂浮植物

形态特征: 多年生草本植物。株高 30 ～ 60cm。须根发达,棕黑色。茎极短,节上生根,具长匍匐枝,与母株分离后会长成新的植株。叶片圆形、宽卵形至肾圆形,基部丛生,呈莲座状,表面深绿色,全缘,光亮;叶柄长短不等,中部膨大成葫芦状气囊。穗状花序有花 9 ～ 12 朵;花被裂片 6 枚,花瓣状,紫蓝色;子房上位,长梨形。蒴果卵形。花果期 7 ～ 11 月。

生境与分布: 凤眼莲生于海拔 200 ～ 1500m 的水塘、沟渠、沼泽、溪流及河流中。原产自巴西。广泛分布于我国长江、黄河流域及华南地区;在全球亚洲热带地区也广泛分布。

流域分布: 西江干支流及高原湖泊

主要用途: 全草入药,有清凉解毒、除湿祛风之功效,主治中暑烦渴、小便不利、肾炎水肿等。可作水质净化植物或水族箱、水池的装饰材料。还可作家畜、家禽饲料。

雨久花 *Monochoria korsakowii*

分类系统：

类别	名称	拉丁学名
界	植物界	Plantae
门	被子植物门	Angiospermae
纲	单子叶植物纲	Monocotyledoneae
目	百合目	Liliiflorae
科	雨久花科	Pontederiaceae
属	雨久花属	*Monochoria*

别名：蓝鸟花、蓝花菜

生态类群：挺水植物

形态特征：多年生水生草本植物。根状茎粗壮，具须根。茎直立，高 30 ~ 70cm，基部常呈紫红色。叶基生和茎生；基生叶宽卵状心形，全缘，具多数弧状脉；具长柄，有时膨大成囊状；茎生叶叶柄短，基部增大成鞘，抱茎。总状花序顶生，有时再聚成圆锥花序；花 10 余朵，具花梗；花被片椭圆形，蓝色。蒴果长卵圆形；种子长圆形，有纵棱。花果期 7 ~ 10 月。

生境与分布：雨久花生于池塘、湖沼、溪流岸边浅水处。在我国产于东北、华北、华中、华东和华南地区；在朝鲜、日本、俄罗斯西伯利亚地区也有分布。

流域分布：贺江、右江、异龙湖、杞麓湖、星云湖

主要用途：花大而美丽，可供观赏。全草可作家畜、家禽饲料。药用有清热解毒、消肿祛湿之功效。

（五十三）鸢尾科 **Iridaceae**

黄花鸢尾 *Iris wilsonii* **C. H. Wright**

分类系统：

类别	名称	拉丁学名
界	植物界	Plantae
门	被子植物门	Angiospermae
纲	单子叶植物纲	Monocotyledoneae
目	百合目	Liliflorae
科	鸢尾科	Iridaceae
属	鸢尾属	*Iris*

别名：黄菖蒲、开口箭

生态类群：湿生植物、挺水植物

形态特征：多年生水生草本植物。根状茎粗壮，斜伸。须根黄白色，具皱缩的横纹。叶基生，灰绿色，宽条形，顶端渐尖，有3～5条不明显的纵脉。花茎中空，高50～60cm，有1～2片茎生叶；苞片3枚，草质，绿色，披针形，内包含2朵花；花黄色；花梗细长；子房绿色。蒴果椭圆状柱形；种子棕褐色，扁平，半圆形。花果期5～8月。

生境与分布：黄花鸢尾生于河旁、沟边湿地及水畔和浅水中。在我国分布于湖北、陕西、甘肃、四川、云南；在南欧、西亚及北非等地亦有分布。

流域分布：星云湖

主要用途：是观赏价值很高的水生植物。根茎入药，具清热利咽之功效，主治咽喉肿痛、咽炎等。

黄菖蒲 *Iris pseudacorus* L.

分类系统：

类别	名称	拉丁学名
界	植物界	Plantae
门	被子植物门	Angiospermae
纲	单子叶植物纲	Monocotyledoneae
目	百合目	Liliflorae
科	鸢尾科	Iridaceae
属	鸢尾属	*Iris*

别名：黄鸢尾、水生鸢尾

生态类群：湿生植物、挺水植物

形态特征：多年生水生草本植物。根状茎粗壮，斜伸，具节，黄褐色。须根黄白色，有皱缩的横纹。叶片宽剑形，基生叶灰绿色，基部鞘状；茎生叶比基生叶短而窄。花茎粗壮，稍高出叶片，具纵棱，上部分枝；苞片3～4枚，膜质，绿色，披针形；花黄色，具长花梗；子房绿色，三棱状柱形。蒴果长形；种子褐色，有棱角。花果期5～8月。

生境与分布：黄菖蒲常生于河湖沿岸的湿地或沼泽地上。原产自欧洲，在我国各地常见栽培；在世界各地都有引种。

流域分布：异龙湖、杞麓湖、星云湖、抚仙湖

主要用途：叶片翠绿且叶形似剑，花姿秀美花色艳丽，是营造湿地水景的优良花卉植物。

（五十四）泽泻科 **Alismataceae**

慈姑 *Sagittaria trifolia* var. *sinensis*（Sims）Makino

分类系统：

类别	名称	拉丁学名
界	植物界	Plantae
门	被子植物门	Angiospermae
纲	单子叶植物纲	Monocotyledoneae
目	沼生目	Helobiae
科	泽泻科	Alismataceae
属	慈姑属	*Sagittaria*

别名：华夏慈姑

生态类群：挺水植物

形态特征：多年生水生草本植物。植株高50～120cm，粗壮。根状茎横走，末端膨大成球茎，卵圆形或球形，土黄色。沉水叶线状；挺水叶基生，箭形，叶片长短、宽窄变异大，通常顶裂片短于侧裂片，顶裂片与侧裂片之间缢缩。花序总状或圆锥状，直立，挺出水面，具分枝1～2个，具花多轮，每轮2～3朵花；花单性，为白色；果期花托扁球形。瘦果倒卵形，具翅；种子褐色。花果期5～10月。

生境与分布：慈姑生于水肥充足的沟渠或浅水中。分布于我国各地，在长江以南各省份广泛栽培；在日本、朝鲜亦有栽培。

流域分布：异龙湖、杞麓湖、星云湖、抚仙湖

主要用途：可作水景植物供观赏。也可作蔬菜食用。球茎入药，可清火消炎，对痨伤、咳喘有独特疗效。

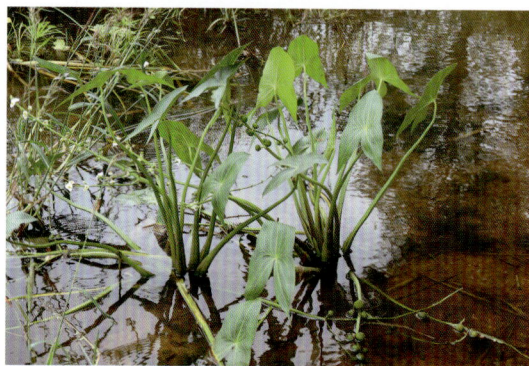

利川慈姑 *Sagittaria lichuanensis* J. K. Chen，S. C. Sun & H. Q. Wang

分类系统：

类别	名称	拉丁学名
界	植物界	Plantae
门	被子植物门	Angiospermae
纲	单子叶植物纲	Monocotyledoneae
目	沼生目	Helobiae
科	泽泻科	Alismataceae
属	慈姑属	*Sagittaria*

别名：武夷慈姑

生态类群：湿生植物、挺水植物

形态特征：多年生水生草本植物。叶基生，挺水，直立；叶箭形，顶端裂片和基部裂片先端和末端均渐尖或尖；叶柄基部具鞘，鞘内具珠芽，珠芽褐色，倒卵形。花序圆锥状，每轮 3 朵花；总花梗长 32 ～ 60cm；苞片 3 枚，分离或基部合生；花单性，下部为雌花，少数，上部均为雄花，萼片、花瓣与雌花相同。瘦果小，喙侧生，背翅极窄，腹翅不明显。

生境与分布：利川慈姑生于海拔 500 ～ 1650m 的沼泽、沟谷浅水湿地及水田中。为我国特有植物，分布于浙江、湖北、江西、福建、广东等地。

流域分布：星云湖

主要用途：叶片大而亮绿，花葶高大挺拔，花序长而多花，全株都可供观赏。

剪刀草 *Sagittaria trifolia* var. *trifolia* f. *longiloba*

分类系统:

类别	名称	拉丁学名
界	植物界	Plantae
门	被子植物门	Angiospermae
纲	单子叶植物纲	Monocotyledoneae
目	沼生目	Helobiae
科	泽泻科	Alismataceae
属	慈姑属	*Sagittaria*

别名: 长瓣慈姑、微凹慈姑

生态类群: 挺水植物

形态特征: 多年生水生草本植物。植株细弱,高 8 ～ 30cm。具匍匐根状茎,根茎末端通常不膨大呈球形。叶基生,叶片窄小呈飞燕状;叶柄基部紫红色,密被柔毛。花序多为总状,通常具雌花 2 ～ 3 轮,稀圆锥花序,仅具 1 个分枝。瘦果斜倒卵形,两侧压扁,背腹均有翅,背翅多少不整齐,果喙短,自腹侧斜上;种子褐色。果期 7 ～ 10 月。

生境与分布: 剪刀草生长在湖泊、沼泽、沟渠、水塘、稻田等水域的浅水处。在我国分布于东北、华北、西北、华东、华中、华南地区及四川、贵州等省。

流域分布: 星云湖

主要用途: 叶形奇特秀美,可作观赏植物。还可作家畜、家禽饲料。

野慈姑 *Sagittaria trifolia* var. *trifolia*

分类系统:

类别	名称	拉丁学名
界	植物界	Plantae
门	被子植物门	Angiospermae
纲	单子叶植物纲	Monocotyledoneae
目	沼生目	Helobiae
科	泽泻科	Alismataceae
属	慈姑属	*Sagittaria*

别名:狭叶慈姑、水慈姑、三脚剪、水芋

生态类群:挺水植物、沉水植物

形态特征:多年生水生草本植物。植株高50～100cm。根状茎或匍匐茎横生;匍匐茎末端膨大呈球茎,圆球形,土黄色。基生叶簇生,叶形变化大,多为狭箭形;挺水叶箭形;通常顶裂片短于侧裂片;顶裂片与侧裂片之间缢缩。花序总状或圆锥状,挺立水面,具分枝1～3轮,雌花1～2轮着生于下部,雄花多轮生于上部,组成大型圆锥花序;花单性,白色,雌雄同株;花托扁球形。瘦果斜倒卵形;种子褐色,具小凸起。花期7～10月。

生境与分布:野慈姑生于湖泊、池塘、沼泽、沟渠、水田等水域。在我国产于东北、华北、西北、华东、华南地区及四川、贵州、云南等省。

流域分布:星云湖

主要用途:可作水景植物供观赏。块茎入药,可解毒消肿、清淤散结、止血利胆,主治毒蛇咬伤、痈疖肿毒、血管瘤、淋巴结结核、跌打损伤等。

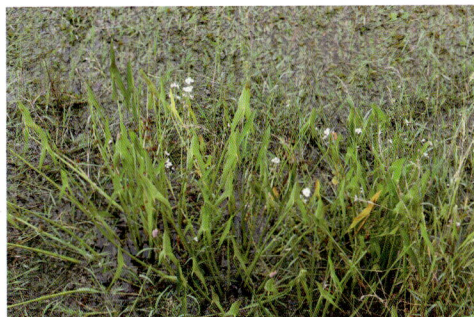

长瓣慈姑 *Sagittaria trifolia* Linn. var. *longlioba* Makino

分类系统：

类别	名称	拉丁学名
界	植物界	Plantae
门	被子植物门	Angiospermae
纲	单子叶植物纲	Monocotyledoneae
目	沼生目	Helobiae
科	泽泻科	Alismataceae
属	慈姑属	*Sagittaria*

别名：磨架子草、驴耳朵、鹰爪子

生态类群：挺水植物

形态特征：多年生水生草本植物。根状茎较粗壮，横走，顶端膨大成球茎。叶基生，有长柄，叶片箭形，裂片极狭窄，顶端裂片线形，全叶呈飞燕状。花序总状或圆锥状，具分枝 1～2 个，花多轮，每轮 2～3 朵花，花单性，外轮花被片椭圆形或广卵形，内轮花被片白色或淡黄色。瘦果倒卵形，两侧压扁，具翅，背翅多少不整齐，果喙短，自腹侧斜上；种子褐色。花果期 5～10 月。

生境与分布：长瓣慈姑多生于水田、沟渠、池塘、湖泊及沼泽等水域。在我国分布于东北、华北、西北、华东、东南地区及四川、贵州、云南等省。

流域分布：星云湖

主要用途：适宜与其他水生植物搭配，作为过渡水体景观搭配的良好绿化材料。

泽泻 *Alisma plantago-aquatica* L.

分类系统：

类别	名称	拉丁学名
界	植物界	Plantae
门	被子植物门	Angiospermae
纲	单子叶植物纲	Monocotyledoneae
目	沼生目	Helobiae
科	泽泻科	Alismataceae
属	泽泻属	*Alisma*

别名： 水泽、如意花、车苦菜、天鹅蛋、天秃、一枝花

生态类群： 湿生植物、挺水植物

形态特征： 多年生草本植物。具地下块茎，直径 1 ～ 3.5cm，或更大。叶基生，通常多数；沉水叶条形或披针形；挺水叶宽披针形、椭圆形至卵形。花葶高 78 ～ 100cm，或更高；大型圆锥花序，具 3 ～ 8 轮分枝，每轮分枝 3 ～ 9 个；花两性，轮生呈伞形状；花梗长 1 ～ 3.5cm；外轮花被片广卵形，内轮花被片近圆形，白色，粉红色或浅紫色；花托近圆形。瘦果椭圆形或近矩圆形；种子紫褐色，具凸起。花果期 5 ～ 10 月。

生境与分布： 泽泻生于湖泊、河湾、溪流、水塘的浅水带，以及沼泽、沟渠和低洼湿地。在我国分布于黑龙江、吉林、辽宁、内蒙古、河北、山西、陕西、新疆、云南、广西等地；在日本、欧洲、北美洲、大洋洲等地亦有分布。

流域分布： 樟江

主要用途： 球茎入药，有清热、通淋、利尿、渗湿之功效，主治肾炎水肿、肾盂肾炎、肠炎泄泻、小便不利等症。也可作为花卉观赏。

皇冠草 *Aquarius grisebachii*（Small）Christenh. & Byng

分类系统：

类别	名称	拉丁学名
界	植物界	Plantae
门	被子植物门	Angiospermae
纲	单子叶植物纲	Monocotyledoneae
目	沼生目	Helobiae
科	泽泻科	Alismataceae
属	象耳慈姑属	*Aquarius*

别名： 王冠草、亚马逊剑草

生态类群： 挺水植物、沉水植物

形态特征： 多年生草本植物。株高可超50cm。具根状茎和匍匐茎。叶基生，呈莲座状排列；沉水叶长披针形，叶柄较短；出水叶椭圆状披针形或心形，嫩叶红棕色，老叶亮绿色，全缘。总状花序；花白色；花瓣3枚；雄蕊6～9枚。果为瘦果。花期5～9月，果期9～11月。

生境与分布： 皇冠草在水边或沼泽地成片生长，也可作为沉水植物在水中种植。原产自南美洲的巴西、阿根廷、乌拉圭等地，在我国各地有引种栽培。

流域分布： 抚仙湖

主要用途： 皇冠草叶形优美，叶色青翠，极具观赏价值，可用于沉水景观布置供观赏。

（五十五）竹芋科 **Marantaceae**

再力花 *Thalia dealbata* Fraser

分类系统：

类别	名称	拉丁学名
界	植物界	Plantae
门	被子植物门	Angiospermae
纲	单子叶植物纲	Monocotyledoneae
目	姜目	Zingiberales
科	竹芋科	Marantaceae
属	水竹芋属	*Thalia*

别名：水竹芋、水莲蕉、塔利亚
生态类群：湿生植物、挺水植物
形态特征：多年生水生草本植物。植株高100～250cm。根状茎发达，密布不定根。叶基生，卵状披针形，浅灰蓝色，边缘紫色，全缘；叶表面被白粉，叶腹面疏生柔毛；叶柄较长，顶端和基部红褐色或淡黄褐色。复穗状花序，排列松散，生于由叶鞘内抽出的花梗顶端；小花浅灰蓝色，边缘紫色，2～3朵小花由2枚小苞片包被。蒴果近圆球形或倒卵状球形，果皮浅绿色；种子棕褐色，粗糙，具假种皮，种脐较明显。花期6～11月。
生境与分布：再力花生于缓流和静水水体，常生于水边、岸边浅水处。原产自美国和墨西哥，在我国长江流域以南地区常见栽培。
流域分布：漓江、异龙湖、杞麓湖、抚仙湖
主要用途：为一种观赏价值极高的挺水花卉，可作水景绿化材料。

垂花再力花 *Thalia geniculate* L.

分类系统:

类别	名称	拉丁学名
界	植物界	Plantae
门	被子植物门	Angiospermae
纲	单子叶植物纲	Monocotyledoneae
目	姜目	Zingiberales
科	竹芋科	Marantaceae
属	水竹芋属	*Thalia*

别名:垂花水竹芋、红柄芋、红鞘水竹芋、红鞘再力花

生态类群:湿生植物、挺水植物

形态特征:多年生水生草本植物。植株高达 1～2m。地下根茎横走。叶片长卵圆形,先端尖,基部圆形,全缘;叶鞘为红褐色。花茎直立高挺,可达3m;穗状花序细长,弯垂;花冠粉紫红色;花瓣4枚,上部2枚淡紫色,下部2枚白色,状似蝴蝶;苞片密被茸毛。果为蒴果或浆果状;种子坚硬,有胚乳和假种皮。花期在6～11月。

生境与分布:垂花再力花喜生于沼泽及河岸边。原产自中非及美洲,在我国南方地区有引种栽培。

流域分布:异龙湖

主要用途:为一种观赏价值极高的挺水花卉,可作水景绿化材料。

参 考 文 献

曹岚，裴建国 . 2000. 江西省药用水生植物资源考查 [J]. 时珍国医国药，11（6）：574-576.

陈琳，纪宝玉，等 . 2024. 基于"部位 – 生境 – 组织 – 成分"的水生类中药相关性分析 [J]. 中国实验方
　　剂学杂志，30（22）：212-221.

陈耀东 . 1984. 水生高等植物资源的利用 [J]. 植物杂志，（2）：30-31.

陈耀东，马欣堂，等 . 2012. 中国水生植物 [M]. 郑州：河南科学技术出版社 .

戴全裕 . 1985. 云南抚仙湖、洱海、滇池水生植被的生态特征 [J]. 生态学报，5（4）：324-335.

邓伦秀，杨成华，等 . 2013. 贵州湿地常见植物图谱 [M]. 贵阳：贵州科技出版社 .

刁正俗 . 1988. 水生植物标本的采集和制作 [J]. 渝州大学学报（自然科学版），（1）：29-37.

方馨，赵凤斌，等 . 2021. 异龙湖沉水植物分布格局与水环境因子相关性研究 [J]. 长江流域资源与环境，
　　30（3）：636-643.

高弋明，殷春雨，等 . 2021. 抚仙湖近 60 年来沉水植物群落变化趋势分析 [J]. 湖泊科学，33（4）：
　　1209-1219.

兰洪波，王万海，等 . 2019. 茂兰喀斯特森林湿地药用水生草本植物调查 [J]. 中国野生植物资源，38（4）：
　　81-83.

李嵘 . 2014. 云南湿地外来入侵植物图鉴（第 1 卷）[M]. 昆明：云南出版集团公司云南科技出版社 .

梁士楚 . 2021. 广西湿地植物 [M]. 北京：科学出版社 .

梁士楚，田华丽，等 . 2015. 漓江湿地植被类型及其分布特点 [J]. 广西师范大学学报（自然科学版），33（4）：
　　115-119.

罗晓铮，魏硕，等 . 2015. 河南省水生药用维管植物调查研究 [J]. 中国现代中药，17（7）：663-667.

彭华 . 2014. 云南常见湿地植物图鉴（第 1 卷）[M]. 昆明：云南出版集团公司云南科技出版社 .

秦仁昌 . 1983. 五十五年来的中国蕨类植物学 [J]. 植物杂志，（1）：1-2.

覃勇荣 . 1987. 漓江水生高等植物调查及其对环保关系与经济利用初探 [J]. 河池师专学报（理科版），
　　（1）：86-95.

任全进，于金平 . 1998. 江苏省水生药用植物资源 [J]. 国土与自然资源研究，（4）：69-70.

田华丽，夏艺，等 . 2015. 桂林漓江湿地植被种类组成及其区系成分 [J]. 湿地科学，13（1）：103-110.

田素英 . 1998. 广东省云浮地区水生药用植物的调查研究 [J]. 时珍国医国药，9（2）：188-190.

王德华 . 1994. 水生植物的定义与适应 [J]. 生物学通报，29（6）：10.

汪劲武 . 1979. 水生被子植物琐话 [J]. 植物杂志，（3）：28-29.

王瑞江 . 2021. 广东湿地植物 [M]. 郑州：河南科学技术出版社 .

王万贤，刘育衡，李岳 . 1984. 湖南水生药用植物资源调查初报 [J]. 中药材科技，（1）：22-23.

王晓龙，徐金英 . 2016. 鄱阳湖湿地植物图鉴 [M]. 北京：科学出版社 .

韦毅刚 . 2004. 桂林漓江沿岸植物区系特点及其与景观的关系 [J]. 广西植物，24（6）：508-514.

吴启南，徐飞，等 . 2014. 我国水生药用植物的研究与开发 [J]. 中国现代中药，16（9）：705-715.

吴兆洪 . 1984. 秦仁昌系统（蕨类植物门）总览 [J]. 广西植物，4（4）：289-307.

熊飞，刘红艳，等 . 2011. 抚仙湖轮藻植物的时空格局 [J]. 江汉大学学报（自然科学版），39（3）：102-107.

颜素珠 . 1982. 中国水生维管束植物检索表（一）[J]. 暨南理医学报，（1）：87-97.

颜素珠 . 1982. 中国水生维管束植物检索表（二）[J]. 暨南理医学报，（2）：148-160.

颜素珠 . 1983. 中国水生高等植物图说 [M]. 北京：科学出版社 .

张宪春，邢公侠 . 2013. 蕨类植物分类系统 [J]. 生命世界，（9）：36-39.

赵家荣，刘艳玲 . 2009. 水生植物图鉴 [G]. 武汉：华中科技大学出版社 .

《中国高等植物彩色图鉴》编委会 . 2016. 中国高等植物彩色图鉴 [M]. 北京：科学出版社 .

中国科学院植物研究所 . 中国植物志库 [EB/OL]. https://www.iplant.cn/frps.

中国科学院中国植物志编辑委员会 . 2006. 中国植物志 [M]. 北京：科学出版社 .

中国湿地博物馆 . 中国湿地植物数据库 [EB/OL]. https://zgsdzw.com.

周虹霞，刘卫云，等 . 2016. 异龙湖湿地大型水生植物群落特征分析 [J]. 环境科学与技术，39（9）：199-203.

周曙明，刘晓 . 1987. 我国淡水湖沼地带的药用植物资源 [J]. 作物品种资源，（1）：5-7.

附录 I 中文名索引

附录 II 拉丁学名索引